누구나 쉽게 하는
특수미용

저자 약력

김정희 저자

_국제미용가연합회 반영구부회장
_G.L.A 미용협회 회장
_(주)루가코리아 대표
_루가뷰티아카데미 대표원장
_국제뷰티아티스트엑스포 국제협력위원장
_대만 신북 국제 미용대회 심사위원

안나경 저자

_국제네일아티스트협회장
_타이완국제미용예술대회 국제심사위원
_누구나 쉽게하는 젤 네일 출간
_ncj 에듀케이터
_국회의원 손인춘, 김미희, 이우현, 이명수 등 다수 표창 수상
_현) 신세계뷰티아카데미 원장
_현) 단비네일 원장

백소은 저자

_이태리 왁스 홀리데이 코리아 "교육이사"
_탐나는 코스메틱 "대표이사"
_ＫＴＷＡ 한국 토탈 왁싱 협회 "부회장"
_국제사이버대학교 토탈 왁싱 외래강사
_뷰티대학 및 아카데미 토탈 왁싱 강의 다수(성신여대, 경민대)
 (MBC아카데미, 크리스챤쇼보, 아름다운사람들, 수빈아카데미, 양일훈아
 카데미)
_아름다운재단 여성창업지원 왁싱감독

"

들어가는 글

미용산업이 점차 큰 시장으로 자리 잡고 있으며 한국의 미용기술은 국내외로 각광받고 있습니다. 한국 미용기술을 배우기 위해 해외에서는 한국인 강사를 초청하고 있으며 한국인의 기술을 인정해주고 있습니다. 그렇기 때문에 한국에서는 남녀노소 불문하고 미용을 배우고자 하는 인구의 수요가 점차 많아지고 있습니다.

특히 최근에는 가장 대중적으로 알려져 있는 피부, 헤어, 메이크업 그리고 네일의 분야를 넘어 세미퍼머넌트 메이크업과 속눈썹 연장 기술 그리고 왁싱의 대중적인 인기가 많아지고 있어 이 분야들의 수요가 늘어나는 실정입니다. 그에 따라 배우고자 하는 수는 점차 많아지고 있으나 아직 입문을 위한 교재들은 많지 않습니다.

이러한 현실 속에서 입문을 꿈꾸고 있으신 분들을 위해 여러 전문가의 실무 경험과 지식을 토대로 이 책을 발간하게 되었습니다.

이 책이 여러분에게 선생님처럼 때로는 조언자처럼 도움이 되리라 생각합니다. 미용인의 꿈을 꾸는 여러분을 응원합니다. 힘들어도 목표를 잊지 않고 끝까지 달려가시기 바랍니다.

마지막으로 이 책이 출판되기까지 많은 도움과 격려를 해주신 크라운 출판사 관계자 분들께 진심 어린 감사의 말씀드립니다.

반영구와 왁싱 그리고 속눈썹연장술을
한번에 엮어낸 최초의 '토탈뷰티 교재'

'반영구' 활용가이드

반영구의 인기가 날로 높아짐에 따라 반영구를 배우고자 하는 사람들이 많아지고 있다. 이 책은 기존의 지식들과 전문가들의 현장 기술을 기반으로 구성하였다.

1. 자세한 필수 개념!

반영구 시 꼭 알아두어야 할 위생, 색소 및 필수 지식들을 자세하게 수록하였다.

2. 전문가들의 현장 TIP!

실제 전문가들의 현장 TIP을 통해 반영구의 궁금증들을 쉽게 해결 할 수 있다.

3. 자세한 반영구 실전 설명 수록!

기본 반영구의 테크닉부터 최신 유행 테크닉까지 충분히 연습할 수 있게 실전과 전후 모습을 자세하게 수록하였다.

4. 주의사항 및 고객상담카드 수록!

실제 현장에서 바로 사용할 수 있는 고객상담카드 샘플과 주의사항을 수록하였다.

5. 드로잉 연습

'속눈썹 연장' 활용가이드

속눈썹 연장은 반영구나 왁싱보다는 대중적인 분야이지만, 우리 신체와 직접적인 연관이 있기 때문에 위생에 신경써야 하며, 기본개념, 테크닉을 익혀두어야 한다. 또한 기술적으로도 섬세함을 요구하므로 각별히 신경써야 한다.

1. 초보자를 위한 필수 개념!

– 위생과 안전에 대한 자세한 개념과 속눈썹 연장을 시작하는 단계라면 꼭 알아두어야 할 것들을 자세하게 다루었다.

– 실전에 필요한 도구들과 알맞은 사용법 등을 자세하게 다루었다.

2. 속눈썹 연장 실전 사진 및 설명 수록!

실제 속눈썹 연장 테크닉 사진과 설명들을 수록하였다.

3. 드로잉 연습

'왁싱' 활용가이드

왁싱은 왁스를 이용해 신체의 불필요한 모를 제거하는 방법이며, 꾸준한 왁싱시술을 통해 미용적인 효과를 볼 수 있어 최근에는 "뷰티왁싱"이라는 이름으로 많은 이들에게 관심을 받고 있다. 이 책에서는 뷰티왁싱의 기본개념에서부터 실무까지 전반적인 내용을 담고 있다.

1. 초보자를 위한 필수 개념!

– 왁싱은 피부에 직접적으로 영향을 주기 때문에 안전과 위생에 유의해야 한다. 그렇기 때문에 초보자가 쉽게 간과할 만한 안전사항과 위생들을 자세하게 다루었다.

– 초보자는 헷갈릴 수 있는 왁싱 제품과 도구들의 설명을 통해 각 부위에 알맞은 왁싱 제품과 도구를 사용할 수 있을 것이다.

2. 왁싱 실전 사진 및 설명 수록!

실제 왁싱을 하는 모습을 사진과 설명으로 자세하게 담아 쉽게 이해할 수 있다. 또한 각 부위별로 알맞은 왁스종류가 소개되어 있어 더 효율적인 왁싱시술방법을 학습할 수 있다.

Contents

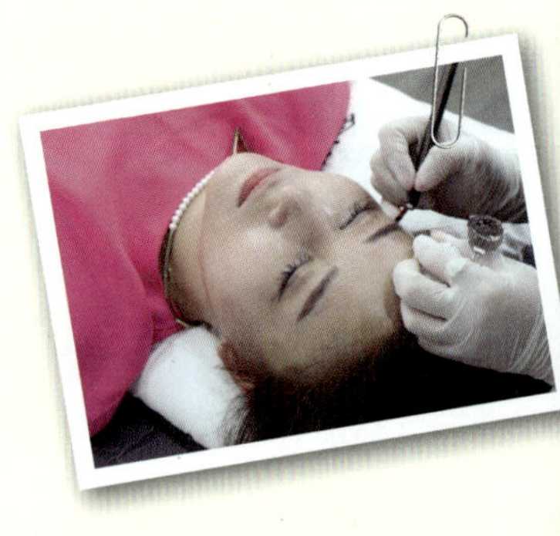

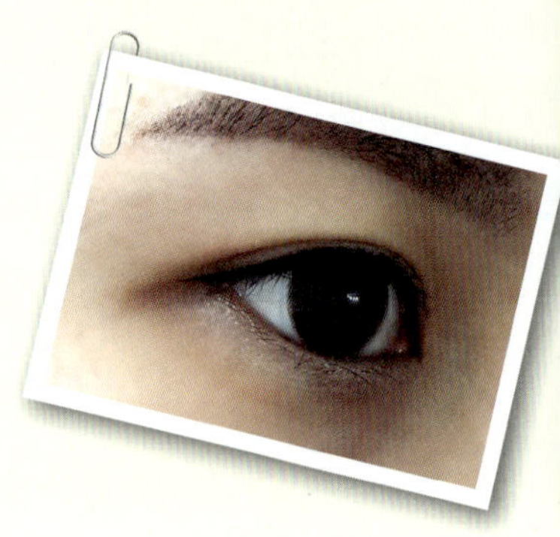

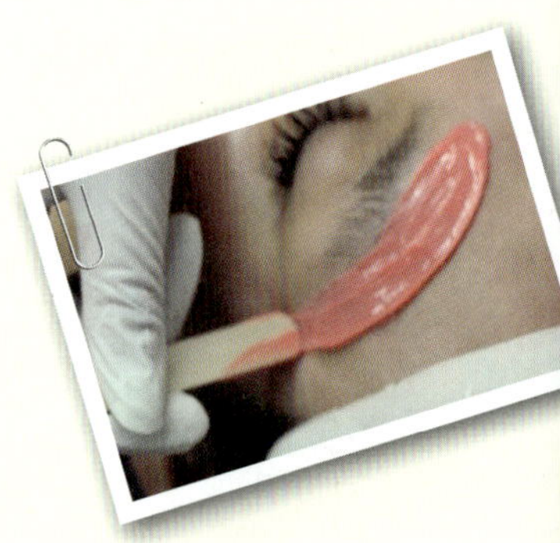

반영구화장

[세미퍼머넌트 메이크업에 대하여]

세미퍼머넌트 메이크업이란? ㅣ 세미퍼머넌트 메이크업의 여러 명칭 ㅣ 세미퍼머넌트 메이크업의 장점

세미퍼머넌트 메이크업의 역사 ㅣ 문신과 세미퍼머넌트 메이크업의 차이

[피부학] 피부의 구조 ㅣ 피부 유형별 분석

[색채학] 색채학 ㅣ 보색을 이용한 메이크업 ㅣ 세미퍼머넌트 메이크업 색상 선택하기

[색소학] [세미퍼머넌트 메이크업이 필요한 사람]

[위생관리] 소독 및 멸균 ㅣ 세미퍼머넌트 메이크업 전 위생관리

　　　　　　　세미퍼머넌트 메이크업 후 위생(시술자의 폐기물 관리)

[세미퍼머넌트 메이크업 전 주의사항] [세미퍼머넌트 메이크업 후 주의사항]

[통증완화제의 사용] [세미퍼머넌트 메이크업 용품 및 기법]

[세미퍼머넌트 메이크업 실전] 눈썹 ㅣ 입술 ㅣ 아이라인

[관상학]

시술모습

엠보눈썹
입술 시술
아이라인 시술
남자아이라인 시술

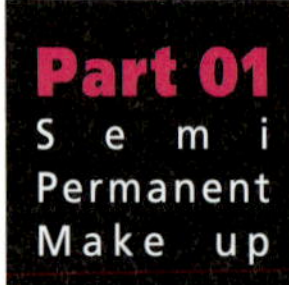

반영구화장

Lesson 1 세미퍼머넌트 메이크업이란?

세미퍼머넌트 메이크업은 인체에 무해한 미세입자의 색소, 천연색소를 피부의 표피층에 주입하여 자신의 부족한 부분을 수정·보완하여 맨 얼굴에 자연스러운 메이크업 효과를 주는 것을 말한다. 일반 메이크업과는 달리 땀이나 물에 지워지지 않고, 유효기간은 2~5년 정도이며, 주로 미용 목적으로 얼굴에 한다. 세미퍼머넌트 메이크업은 눈썹, 아이라인, 헤어라인, 입술에 하는데 그 중 눈썹, 아이라인이 가장 보편화되어 있다. 최근에는 치료목적으로도 그 역할과 개념이 확장되었다. 피부 손상, 유방암 수술 등으로 손상된 유두 부위 등에 자연스러운 피부색을 연출하기 위해 사용되기도 한다.

최근 세미퍼머넌트 메이크업은 남녀 상관없이 많이 보편화되어 있다. 소위 말하는 '쌩얼'을 위해서 세미퍼머넌트 메이크업을 받기도 한다. 연예인들은 짙은 화장 없이도 선명한 이목구비로 민낯마저 아름다워 보이는 얼굴을 만들기 위해 세미퍼머넌트 메이크업을 이용한다. 또한 기본적인 메이크업은 사회생활의 필수요소이므로 세미퍼머넌트 메이크업은 바쁜 아침에 시간을 절약하고 수정화장을 하지 않아도 되는 편리함이 있어 직장인들의 '뷰티 트렌드'가 되고있다. 이처럼 세미퍼머넌트 메이크업은 바쁜 일상에 편리함과 외모적 아름다움을 선사할 뿐 아니라 콤플렉스로 자리 잡을 수 있는 상처 부위나 부족한 부분을 보완함으로써 더 나은 삶의 만족감을 느낄 수 있다.

Lesson 2 세미퍼머넌트 메이크업의 여러 명칭

세미퍼머넌트 메이크업은 나라마다 명칭이 다르다. 해외에서는 컨투어 메이크업(Contour Make-up), 아트 메이크업(Art Make-up), 마이크로 피그먼테이션(Micro Pigmentation)이라는 단어로 표현된다. 우리 책에서 쓰고 있는 명칭인 세미퍼머넌트 메이크업(Semi Permanent Make-up) 또한 해외에서 쓰고 있는 명칭이다. 우리나라에서는 세미퍼머넌트 메이크업(Semi Permanent Make-up), 영구 화장, 반영구 화장, 컨투어 메이크업 등으로 표현한다.

세미퍼머넌트 메이크업의 나라별 명칭

명칭	의미
퍼머넌트 메이크업 (Permanent Make-up)	• 영국 등 유럽에서 주로 사용하는 용어
세미퍼머넌트 메이크업 (Semi Permanent Make-up)	• 우리나라에서 주로 사용하는 용어 • 오래 지속되는 화장을 의미
컨투어 메이크업 (Contour Make-up)	• 독일에서 주로 사용하는 용어 • 얼굴의 윤곽 수정 효과를 강조
아트 메이크업 (Art Make-up)	• 일본에서 주로 사용하는 용어 • 얼굴 예술적인 감각 표현
마이크로 피그먼테이션 (Micro Pigmentation)	• 미국에서 의사들이 주로 사용하는 용어 • 아주 작은 색소 입자를 피부에 주입

세미퍼머넌트 메이크업의 장점

세미퍼머넌트 메이크업은 다각도로 우리 삶에 유익함을 제공한다.

1. 자연스럽다.

과하지 않도록, 여러 부분을 고려하여 본인에게 맞는 색으로 시술한다. 또한 눈썹의 경우는 실제 눈썹 모의 모양을 살린 메이크업을 주로 하기 때문에 본래 자신의 눈썹처럼 보여 자연스럽다.

2. 일정 기간 동안 유지된다.

문신과 달리 반영구는 표피층에 색소를 주입하기 때문에 피부의 각화로 인하여 2~5년 정도 일정 기간 동안만 유지된다.

3. 수정이 가능하다.

일정 기간이 지나면 표피에 주입된 색소가 많이 흐려지기 때문에 시대별 유행에 맞춰 디자인을 수정 및 보완할 수 있다.

4. 시간을 절약할 수 있다.

매일 해야 하는 일반 메이크업 대신 세미퍼머넌트 메이크업은 피부에 유지가 되기 때문에 아침마다 화장을 해야 하는 직장인들과 일반 메이크업이 미숙해 시간이 많이 소모되는 사람들이 시간을 절약할 수 있다.

5. 외모적 자신감이 생긴다.

일반적으로 가장 많이 행하는 세미퍼머넌트 메이크업은 눈썹인데 눈썹 모가 많지 않은 사람들에게 본래 본인의 눈썹인 것처럼 만들어 결점을 보완할 수 있게 한다. 이처럼 외모의 부족한 부분을 채워 자신감을 갖출 수 있게 한다.

6. 편리함을 선사한다.

일반 메이크업처럼 쉽게 지워지지 않아 수영, 헬스 등의 스포츠를 즐기는 행위나 메이크업에 약한 날씨, 장소에도 크게 영향받지 않는다.

Lesson 4 세미퍼머넌트 메이크업의 역사

세미퍼머넌트 메이크업은 문신과 화장술이 섞이며 문신에서 조금 변화된 분야이다. 그러므로 문신의 역사를 알아야 세미퍼머넌트 메이크업의 기원을 알 수 있다. 문신은 청동기 시대에도 행하여졌다. 1991년 10월, 5천년가량 된 냉동 상태의 남자 사체가 오스트리아와 이탈리아 국경 근처의 한 산에서 발견되었는데 그 사체에는 얼굴과 몸 전체에 문신이 있었다.

가장 잘 알려져 있는 문신은 고대 이집트 미라의 문신이다. 이 시대에 문신은 중요한 관습 중의 하나였으며, 11왕조 시기 테베의 사랑과 미의 여신 하토르(Hathor)의 여사제였던 '아무네트'(Amunet)의 미이라에서 발견된 문신이 대표적이다. 이 미라는 팔과 넓적다리에 평행선의 무늬가 있고 배꼽 아래쪽에는 타원형 문양들이 새겨져 있는데, 이는 아무네트의 미라와 같이 발견된 조상에 새겨져 있던 문신과 유사했다. 이 문신은 풍요를 상징한다고 알려져 있다.

그리고 기원전 6세기의 미라로 알려진 스키타이 족장의 몸에는 서로 다른 토템 동물들을 표현한 문신이 새겨져 있었다.

1500년대 신대륙 발견 이후 원주민들에게서 동물 모양의 문신이나 각 부족마다 각기 다른 문신들이 관찰되었다. 그 후로 폴리네시아인들에 의해 문신이 전달된 것으로 알려져 있다.

이후 1815년 당시 미국의 타투이스트 중의 한 사람인 사무엘 오릴리(Samuel O'Reilly)에 의해 문신 기계가 발명되면서 세미퍼머넌트 메이크업이 시작되었다. 전통적 문신 방법이었던 나무 손잡이에 바늘을 부착하여 바늘에 색소를 적셔 위아래로 사람이 직접 움직이며 찌르는 방법 대신 문신 기계의 발명으로 더 손쉽고 빠르게 문신을 할 수 있게 되었다. 이후로도 기술의 변화가 있었으며, 여성들의 얼굴에 문신으로 색조를 넣기 시작하며 세미퍼머넌트 메이크업의 새로운 변화가 일어났다.

1979년경부터 중국과 대만을 통하여 우리나라에는 아무런 체계와 교육적인 기반 없이 세미퍼머넌트 메이크업이 들어오기 시작했다. 그러다 보니 잘못된 미용문신으로 인해 문제가 생겼고, 그 결과 세미퍼머넌트 메이크업은 의료법으로 귀속되었다. 이후 병원에서 문신을 지우는 레이저들이 나오기 시작했고, 세미퍼머넌트 메이크업은 손쉽지 않지만 언제든지 지우고 싶으면 지울 수 있는, 문신과는 다른 미용술로서 입지를 다졌다.

세미퍼머넌트 메이크업의 보급이 빨라지고 넓어진 지금, 해외에서는 이미 세미퍼머넌트 메이크업이 미용기술로 인정되고 있다. 특히 독일에서는 세미퍼머넌트 메이크업 시장 규모가 점점 커지고 고급화되어 가고 있다. 그러나 아직 한국에서는 보건법에 의해 규제받는 의료행위로 간주되고 있다. 의료목적이 아닌 미용목적의 세미퍼머넌트 메이크업도 의사의 집도로 시술이 진행되어야 한다.

Lesson 5 문신과 세미퍼머넌트 메이크업의 차이

세미퍼머넌트 메이크업은 처음에는 문신의 영역이었으나 미용으로 이용이 되면서 그 영역이 확장·변화된 부분들이 있다. 그러므로 문신과 세미퍼머넌트 메이크업은 비슷하지만 분명한 차이점이 있다. 비교하기 편하게 표로 정리해 보았다.

문신과 세미퍼머넌트 메이크업의 비교표

구분	문신	세미퍼머넌트 메이크업
유지기간	영구적	반영구적, 2~5년
목적	요즘은 문신을 자신만의 개성 표현이나 패션으로 여김	자연스럽게 아름답고 뚜렷한 이목구비 추구
범위	몸 전체	얼굴 위주, 헤어, 흉터 등
바늘 굵기	1~2mm	0.15mm
주입 깊이	1~2mm 진피층	0.08~0.15mm 표피층
색소	문신용 잉크, 다양한 색소 사용	천연 색소 및 다양한 색소로 자연스러운 연출 가능
시술 시간	디자인에 따라 몇 달, 몇 년씩 걸림	기본적으로 60분 이내

Lesson 6 피부의 구조

세미퍼머넌트 메이크업을 하는 데 피부학은 빼놓을 수 없는 부분이다. 세미퍼머넌트 메이크업은 표피에 색소를 주입하는 행위이기 때문에 피부에 어떤 작용을 하며, 피부의 생리에 따라 주입된 색소는 어떤 영향을 받는지를 꼭 알아야 한다.

피부는 여러 층으로 이루어진 매우 복잡한 신체기관이다. 피부의 두께는 평균 2mm 정도이다. 눈꺼풀과 볼 부위 피부가 비교적 얇고 손바닥, 발바닥 등은 두껍다. 피부는 바깥쪽부터 표피(Epidermis), 진피(Dermis), 피하지방층(Subcutaneous layer) 순으로 구성되어 있다. 세미퍼머넌트 메이크업은 표피(Epidermis)에 색소 주입을 한다. 그리고 주입된 색소는 표피(Epidermis)의 각화작용(Keratinization)에 의해 각질이 탈락하고 피부에 주입되었던 색소도 조금씩 빠지게 된다.

피부의 구조

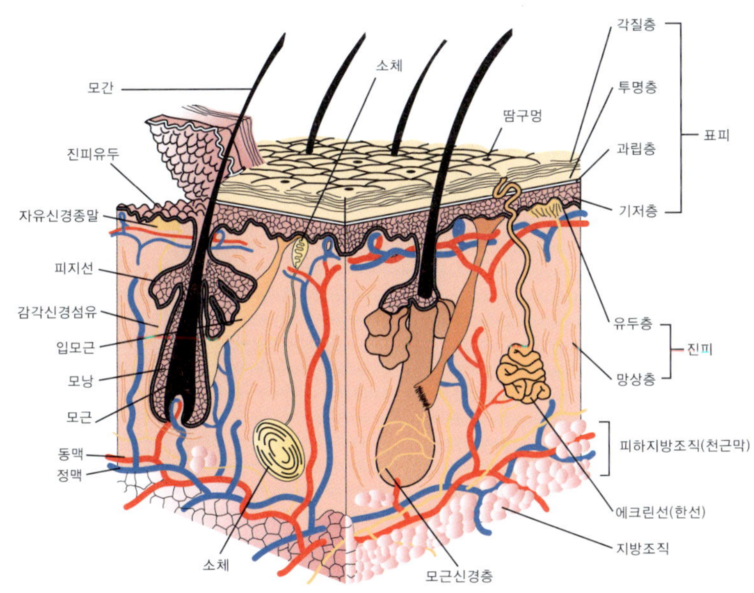

1. 표피의 기능

- 세포들을 조직하고, 비타민 D와 사이토카인을 합성한다.
- 상피세포는 상처를 치료하는데 중요한 역할을 한다.

2. 진피의 기능

- 감각의 수용체가 있어 압력, 진동, 온도, 통증 등을 느낄 수 있다.

3. 피하지방층의 기능

- 충격을 완화해 근육 및 골격을 보호한다.
- 신체 체온을 유지한다.
- 여성 호르몬과 관계가 깊어 여성에게 피하지방이 더 많으며 여성의 신체에 굴곡을 부여한다.

표피(Epidermis)

표피는 피부 중 가장 외부에 위치한다. 표피의 평균 두께는 약 0.1~0.3mm이며 피부 전체의 10~15% 정도를 차지하고 있다. 표피는 기저층(Basal Layer), 유극층(Spinus Layer), 과립층(Granular Layer), 각질층(Stratum Corneum)으로 구성되어 있으며 각질층이 가장 바깥쪽에 위치한다. 세미퍼머넌트 메이크업을 할 때 색소는 최하단의 기저층과 그로부터 세 번째에 위치해 있는 과립층 사이에 주입된다.

부위	두께(mm)
얼굴	0.03~1
눈꺼풀(가장 얇은 부위)	0.1~0.4
손, 발바닥	0.16~0.8

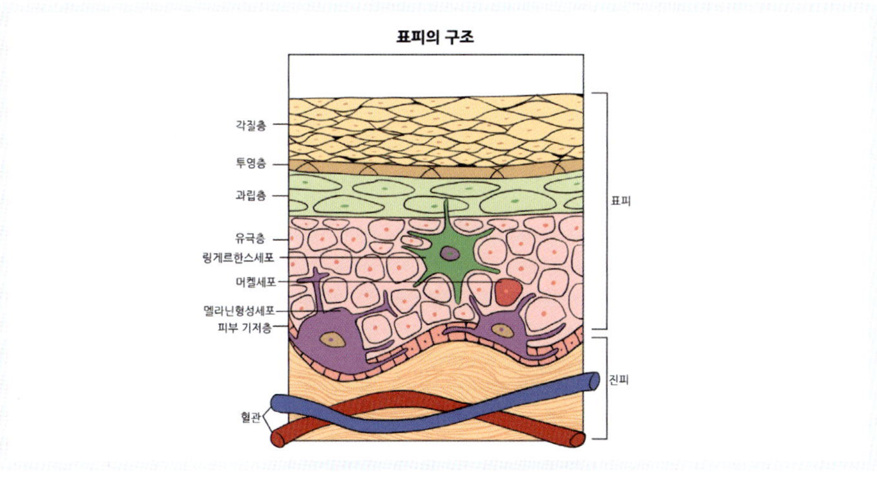

표피의 구조

1. 기저층(Basal Layer)

표피의 가장 아래층에 위치하고 있는 분열세포층이며, 핵을 가지고 있는 유핵세포이다. 진피층의 모세혈관을 통해 영양을 공급받는 중간 역할을 한다. 기저층은 각질형성세포(Keratinocyte), 멜라닌형성세포(Melanocyte) 그리고 머켈세포(Merkel Cell)로 구성되어 있다.

그 중 각질형성세포(Keratinocyte)는 표피세포의 80%를 차지하고 있다. 각질을 형성하는 세포이며, 10%의 줄기세포로 구성되어 있다. 각질형성세포는 오래된 각질형성세포를 위로 밀어내 결국 각질층으로 이동하게 되는데, 그 기간이 약 14일 소요된다.

2. 유극층(Spinous Layer)

기저층 위에 위치하는 층이며, 가장 두껍고 핵을 가지고 있는 유핵세포이다. 각 층에 영양을 공급하고 노폐물을 배출하며, 외부의 이물질 침입에 방어 반응을 하는 랑게르한스세포(Langerhans Cell) 대부분이 유극층에 위치한다.

3. 과립층(Granular Layer)

수분저지막(Barrier Zone)이 있어 외부로 수분이 증발되거나 내부로 수분이 과잉침투 되는 것을 방지한다. 수분이 감소하면 핵이 위축되고 퇴화되기 때문에 실질적으로 각질화 과정이 시작되는 층이다.

4. 투명층(Lucid Layer)

무핵의 각화세포(Corneocyte)로 주로 손, 발에 분포되어 있다. 엘라이딘(Elaidin)이라는 반유동성 물질을 함유해 투명하게 보인다. 자외선을 반사해 색소침착이 되지 않고, 외부의 수분 침투를 방지한다.

5. 각질층(Horny Layer)

편평한 각화세포(Corneocyte)가 여러 층(10~20개)으로 겹겹이 쌓여 이루어진 피부의 최외각 층으로 각질과 지질로 구성되어 있다. 각질형성세포가 분열되어 각질층까지 올라오는데 이를 각화현상이라 한다. 각질형성세포는 일정한 시간이 지나면 얇은 조각, 즉 각질로 떨어져 나간다. 기저층부터 각질형성세포가 올라오는 기간이 14일, 각질층에서 각질이 탈락하는 기간이 14일이며, 이 주기를 각화주기라 한다. 평균 총 28일로 한 달 정도의 기간이 걸린다.

표피층과 색소의 관계

표피층에 주입된 색소는 일정 기간을 지나면 피부 밖으로 떨어져 나간다. 각질층에서 각질이 탈락되는 기간은 28일 주기인데, 우리가 3~4주 후에야 다시 세미퍼머넌트 메이크업을 받을 수 있는 것은 이 때문이다. 피부가 완벽히 재생한 후에야 받을 수 있고, 다시 메이크업을 받음으로써 2~5년간 색소를 유지할 수 있다. 피부가 노화할수록 각화주기는 50~60일로 길어지는데 이는 각질형성세포의 성장 능력이 감소하여 새로운 각질형성세포를 정상적으로 만들지 못하기 때문이다.

진피(Dermis)

진피는 표피의 기저층과 가까운 유두층, 그 밑의 망상층으로 이루어져 있다. 모낭, 피지선, 땀샘 등이 이 안에 모였고, 표피와 피부 부속기관에서 필요로 하는 여러 영양소를 공급해줄 수 있는 요소를 포함하고 있다. 표피의 30~40배정도이며 두께는 2~4mm로 부위에 따라 달라진다.

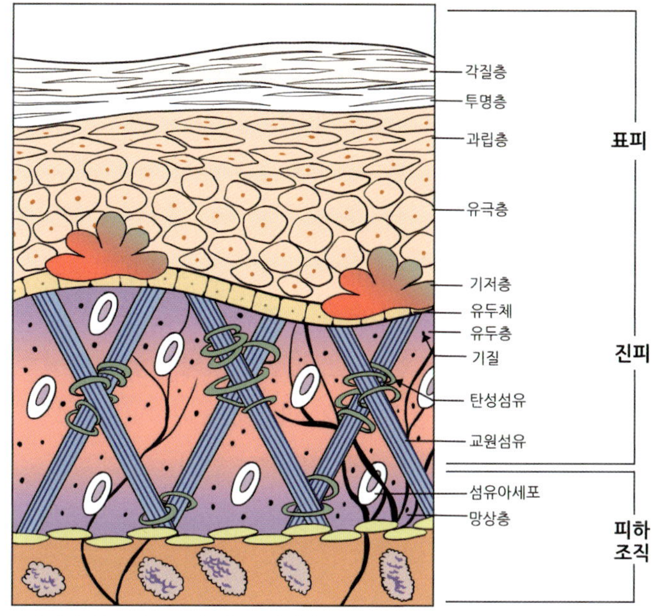

진피의 구조

1. 유두층(Papillary Layer)

표피의 기저층과 맞닿아 있는 층으로 진피의 1/5에 해당한다. 혈관과 림프관이 존재하며, 진피의 모세혈관을 통해 표피의 기저층에 많은 영양과 산소를 공급한다.

2. 망상층(Reticular Layer)

그물 형태로 이루어져 있어서 망상층이라 한다. 망상층에는 대표적으로 교원섬유인 콜라겐 섬유, 탄력섬유인 엘라스틴 섬유, 기질 그리고 섬유아세포가 있다. 먼저 콜라겐 섬유는 진피의 90%를 차지하고 피부의 모양과 건강을 책임지며, 피부의 수분 및 탄력유지에 관여한다. 피부의 노화가 진행될수록 이 콜라겐 섬유의 유연성이 떨어져 피부의 수분이 부족해지고 주름이 생기게 된다. 엘라스틴 섬유는 진피의 2~3%를 차지하는데 콜라겐과 유사하나 피부의 탄력과 연관이 있어 피부가 파열되는 것을 방지한다. 피부가 원래 상태로 복구되는 시간이 길어진다면 엘라스틴 섬유의 손상을 의심해 볼 수 있다. 마지막으로 섬유아세포는 결합조직 세포라고도 불리며 진피의 윗부분에 주로 분포되어 있다. 이 섬유아세포는 콜라겐과 엘라스틴을 합성하며, 상태에 따라 피부 탄력도에 영향을 준다.

 # 피부 유형별 분석

피부 분석 방법

피부의 유형별 분석을 보기 이전에 피부 분석 방법에 대해서 배워보자. 기본적으로 행할 수 있는 것들이며 꼭 필요한 절차 중 하나이다. 고객의 생활이나 습관, 현 피부 상태에 대해서 질문하는 문진법과 손으로 직접 만져보아 고객의 피부 상태를 파악하는 촉진법, 눈으로 관찰하여 피부 상태를 파악하는 견진법이 있다. 또한 이외에도 피부 측정 기기 등을 이용하여 세밀하게 관찰을 하기도 한다. 고객의 피부색이나 피부상태를 정확히 파악하기 위해서는 메이크업이 되어 있지 않은 맨얼굴을 밝은 조명이 있는 곳에서 보아 판단해야 한다.

피부 유형별 분석

피부의 유형에 따라 메이크업 방법이 조금씩 달라진다. 그러므로 시술자는 대표적인 피부 유형을 파악하고 있어야 한다.

1. 정상피부(Normal Skin)

- 가장 이상적인 피부 상태이다.
- 피부가 촉촉하고 윤기가 돌며 요철 없이 매끄럽다.
- 모공이 섬세해 크기가 작으며 탄력이 좋다.
- 피부 이상인 색소, 여드름, 잡티가 없다.
- 표피의 두께는 적당하며 얇거나 두껍지 않다.

2. 건성피부(Dry Skin)

- 유년기에는 정상피부이나, 피부의 노화가 진행되면서 건조해지는 피부이다.
- 표피가 항상 수분과 유분이 부족한 상태이고 특히나 겨울에 더 심하다.
- 모공은 눈에 띄지 않는다.
- 피부 결은 섬세하나 잔주름이 많다.

- 피부가 당기고 각질이 잘 일어난다.
- 표피의 두께는 얇다.

3. 지성피부(Oily Skin)

- 과다하게 피지가 분비되어 유분이 많은 피부이다.
- 피부가 쉽게 번들거리고, 화장이 잘 지워진다.
- 모공의 크기가 크고, 탄력이 부하다.
- 피부에 요철이 많다.
- 표피의 두께는 가장 두껍다.
- 지성피부를 판가름하는 요소는 피지인데 일반적으로 청소년기의 학생들에게 많이 관찰되고, 대부분은 나이가 들면서 점차 감소한다.

4. 민감성피부(Sensitive Skin)

- 피부의 탄력이 부족하다.
- 피부조직이 필요 이상으로 섬세하고 얇아서 외부의 요인에 민감하게 반응해 여러 피부 병변을 일으킨다.
- 표피의 두께는 얇다.

5. 복합성피부(Combination Skin)

- 2가지 이상의 피부유형이 섞인 피부이다.
- 보통 이마와 코의 영역을 가리키는 T존과 볼과 턱의 영역을 가리키는 U존이 가장 대표적이다. 일반적으로 T존은 U존보다 많은 피지 분비로 지성피부이며, U존은 건성피부이거나 정상피부이다.
- 표피의 두께는 각각의 유형에 따라 다르게 나타난다.

6. 노화피부(Aging Skin)

- 신체의 노화에 따라 나타나는 피부유형이다.
- 피부의 탄력이 부족하다.
- 주름이 많아지며 색소침착 등 잡티가 많이 관찰된다.
- 표피의 두께는 점차 얇아진다.

세미퍼머넌트 메이크업은 받고자 하는 사람의 여러 상황을 고려하여 어울리는 색을 찾아 그 색을 주입하는 것이기 때문에 색에 대한 개념과 함께 배색 등을 알아두어야 한다.

색

빛이 물체를 비추었을 때 반사, 흡수, 투과 등의 과정을 통해 생기는 물리적인 지각현상이다.

색채

물리적으로 지각된 색이 눈의 망막에 의해 지각됨과 동시에 느낌이나 연상, 상징 등과 함께 우리 눈이 느끼는 심리적인 지각현상이다.

색의 3속성(색상, 명도, 채도)

결국 우리 눈이 비치는 것이 색이고 비친 색을 지각하는 것이 색채인데, 색에는 3가지 속성이 있다.

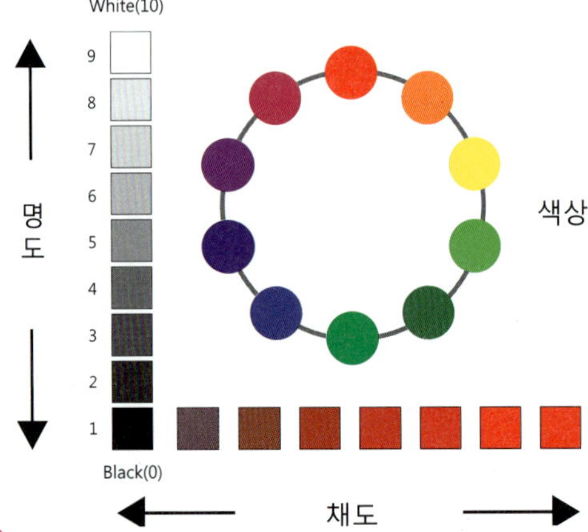

1. 색상(Color Tone)

빨강, 노랑, 파랑 등 어떤 색인지 구분하는 속성이다. 물체의 표면에서 반사되는 특정 파장에 의해 색상이 결정된다.

2. 명도(Brightness)

색의 밝기와 어둡기를 의미한다. 밝을 색일수록 명도가 높고, 어두운 색일수록 명도가 낮다.

3. 채도(Chroma)

색이 얼마나 맑고 탁한가를 의미한다. 가장 채도가 놓은 색은 빨강과 노랑이다.

색의 3원색

1. 빛의 3원색

Red(빨강), Green(초록), Blue(파랑)이 있다.

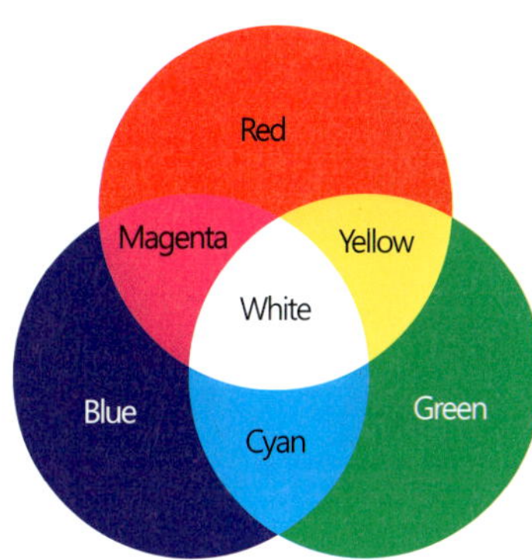

- **가산혼합** : 빛을 가하여 색을 혼합할 때 본래 색보다 밝아지는 것을 말한다.
- **가산혼합 배색**

  Red + Green + Blue = White(흰색, 화이트)

  Green + Blue = Cyan(흐린 파랑, 시안)

  Blue + Red = Magenta(분홍빛 도는 빨강, 마젠타)

  Red + Green = Yellow(노랑, 옐로우)

2. 색의 3원색

Magenta(분홍빛이 도는 빨강, 마젠타), Yellow(노랑, 옐로우), Cyan(흐린 파랑, 시안)이 있다. 빛의 3원색을 각각 혼색했을 때 만들어지는 중간색에 해당한다.

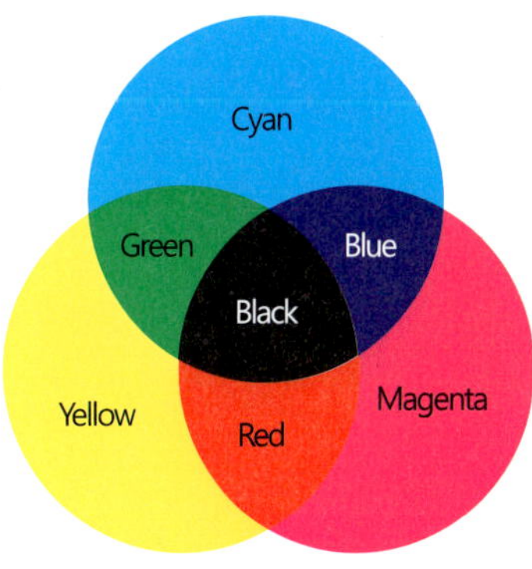

- **감산혼합** : 색의 3원색을 섞은 것을 감산혼합이라 한다.
- **감산혼합 배색**

  Magenta + Yellow + Cyan = Black(검정, 블랙)

  Magenta + Yellow = Red(빨강, 레드)

  Yellow + Cyan = Green(초록, 그린)

  Cyan + Magenta = Blue(파랑, 블루)

1. 무채색

색상과 채도는 없고 명도만으로
구분한다. 무채색은 색의 온도가
존재하지 않으며 중성색이다.

2. 유채색

무채색을 제외한 모든 색을 말
한다. 색상, 채도, 명도까지 모두
포함한다.

1. 난색

심리적으로 따뜻하게 느껴지는 색들이다.

2. 한색

심리적으로 차갑게 느껴지는 색들이다.

색의 대비 – 보색 대비

보색 대비란 서로 보색관계에 있는 것을 말한다. 보색을 이용한 혼합색소로 메이크업 시 색소의 변색을 최대한 방지할 수 있다. 또한 메이크업 수정 시 퇴색된 색에 새로운 색을 입혀 정상적인 색을 만들어야 하므로 보색은 시술자가 알아두어야 할 필수 요소이다.

보색 : 섞어서 어둡게 되는 색의 계열이며 그림의 서로 반대되는 색을 보색이라 한다. 보색을 서로 섞으면 검정색과 가까운 무채색이 되는데, 갈색 계열로서 눈썹 색을 내는 데 용이하다.

1. 정보색

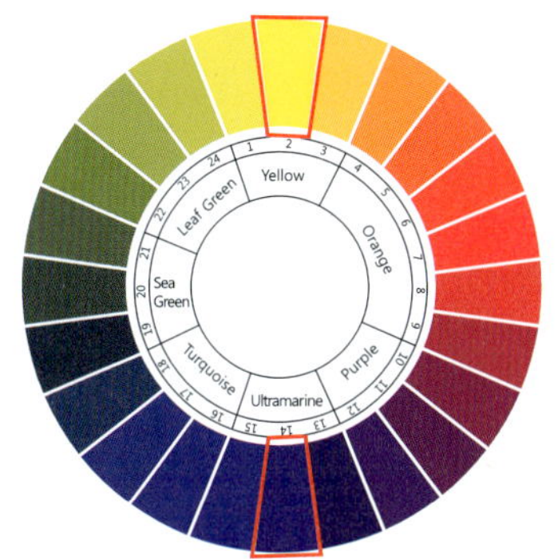

서로 정반대의 색을 의미한다. 예를 들어 'Red의 8번 – Sea Green의 20번' 'Yellow의 2번 – Ultramarine Blue의 14번'은 서로 보색이다.

2. 약보색

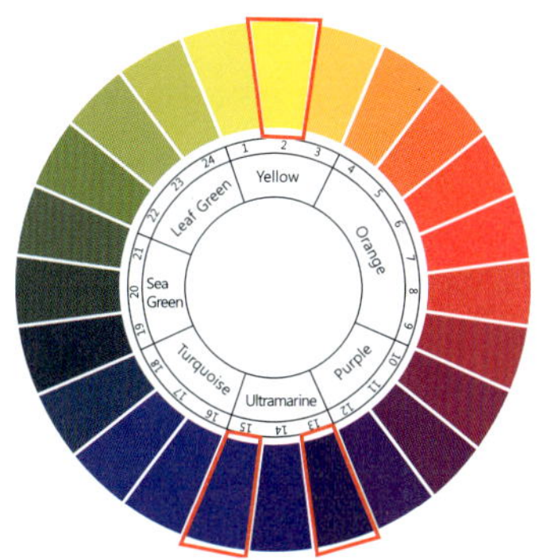

정보색 양 옆에 있는 색이다.

3. 삼보색

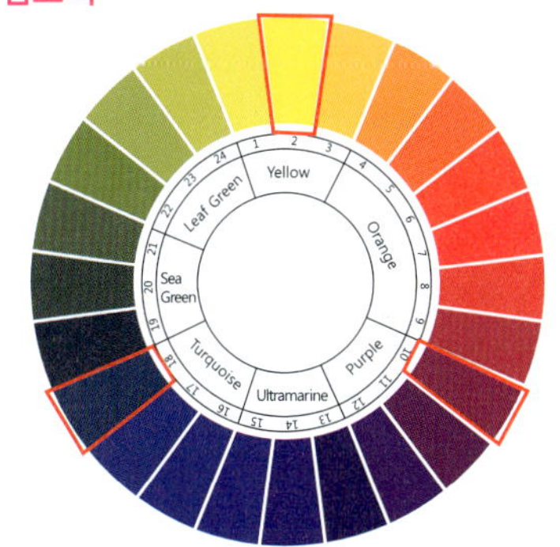

동일한 간격에 위치한 색상이다.

 # 보색을 이용한 메이크업

변색된 색상 수정하기

1. 보라 계열 색상일 경우

Violet 계열 + Yellow 계열 = Brown

2. 빨강 계열 색상일 경우

Red 계열 + Green 계열 = Brown

3. 회색 계열 색상일 경우

Gray 계열 + Orange, Red 계열 = Brown

4. 파랑 계열 색상일 경우

Blue 계열 + Orange, Red 계열 = Brown

변색을 방지하는 색상

1. 검정 계열 색상의 표현

Black 계열 + Orange 계열 소량 = Black의 blue 계열로 변색 방지

2. 갈색 계열 색상의 표현

Brown 계열 + Olive 계열 소량 = Brown의 Red 계열로 변색 방지

Lesson 10 세미퍼머넌트 메이크업 색상 선택하기

세미퍼머넌트 메이크업은 메이크업을 받는 사람이 원하는 색상도 중요하지만, 시술자가 본인에게 어울리는 색상이 무엇인지 잘 알려주어야 한다. 많은 경우를 고려하지만 피부, 눈동자, 머리카락 등 색소를 주입할 주위의 색상을 잘 고려해야 만족스러운 메이크업이 가능하다.

피부 톤 구별하기

피부는 차가운 느낌(Cool Tone)과 따뜻한 느낌(Warm Tone)으로 나뉜다.

차가운 느낌(Cool Tone)	따뜻한 느낌(Warm Tone)
• 피부가 푸른 빛을 띠고 붉은 편이다 • 머리카락, 눈동자 색이 부드러운 검정이나 채도가 높은 검정이다. • 분홍, 은색, 빨강, 파랑, 흰색 등 대부분 한색 계열이 잘 어울린다.	• 동양인들이 많다. • 피부가 노란 빛을 띠고 붉은 편이다. • 머리카락, 눈동자 색이 밝은 갈색이나 검은 빛을 띠는 갈색이다. • 옅은 분홍, 빨강, 노랑, 갈색, 주황 등 대부분 난색 계열이 잘 어울린다.

색상 선택하기

눈썹과 아이라인 메이크업은 피부의 느낌과 반대되는 색상으로 색을 조화시켜 사용해야 한다. 그래야만 피부색과 섞이며 자연스럽고 변색을 최대한 방지할 수 있다.

1. 눈썹

- 따뜻한 피부 톤 + 회색을 띠는 갈색
- 차가운 피부 톤 + 노란색을 띠는 갈색

2. 아이라인

눈동자 색과 피부 톤을 고려하여 선택한다. 하지만 검정색이 잘 어울린다고 해서 검정색만 단독으로 사용하는 것 보다는 시간이 지나면 푸른 색으로 변색되는 것을 예방하기 위해 검정색 색소에 갈색 색소를 소량 섞어 사용하면 좋다. 이는 눈썹도 마찬가지이다.

3. 입술

주입된 색이 더 선명해지도록 피부의 느낌과 비슷한 색상을 선택해야 한다. 사람들은 입술에 기본적으로 푸른 빛을 담고 있기 때문에 색의 배색을 잘 고려하여 색상을 선택해야 한다.

- 따뜻한 피부 톤 + 따뜻한 색(붉은 갈색 계열 등)
- 차가운 피부 톤 + 차가운 색(어두운 빨강, 분홍 계열 등)

 # 색소학

세미퍼머넌트 메이크업에서 안전한 색소란 무엇이고, 색소가 우리 피부에 어떻게 작용하는지에 대해 알아보자.

색소의 성분

1. 문신 안료 성분

White	Titanium Dioxide Zinc Oxide Barium Sulfate($BaSO_4$)
Black	Carbon Iron Oxide
Brown	Iron Oxide
Blue	Cobaltous Aluminate
Yellow	Cadmium Sulfide(CdS) Iron Oxide
Violet	Manganese Oxide
Red	Mercuric Sulfide(HgS) Cadmium Selenide(CdSe) Alizarin($C_{14}H_8O_4$)
Green	Chromic Oxide(Cr_2O_3) Chromium Sesquioxide(Cr_2O_3)

2. 색소의 주성분

색소는 알레르기 반응이 거의 없는 철이 산화되어 생긴 산화철(Iron-oxide)과 탄소로 이루어진 가루이다.

색소의 착색 과정

색소를 피부에 주입시키면 알코올과 글리세린은 피부에 흡수되고 색소가루만 진피나 표피에 남아 착색된다.

배합 성분

배합한 후 열과 압력으로 살균 처리한다.

1. 산화철(Iron-Oxide) : 흑색, 적색, 황색의 3가지 기본 색이 있다.

2. 증류수(Distilled Water)

3. 알코올(Alcohol)

- 일반적으로 70% Isopropyl Alcohol 사용하며, 알코올의 첨가 비율에 따라서 색소들의 강도가 결정된다.
- 소독과 방부제 역할을 한다.

4. 글리세린(Glycerine) : 보습과 방부제 역할을 한다.

색소의 구분

위 배합의 배율에 따라 Glycerin Based Color와 Aqua Based Color로 구분한다.

1. Glycerin Based Color(글리세린 베이스)

- 글리세린을 기본으로 하여 보습이 강하다.
- 점성이 강하여 발색이 좋고, 엠보 색소에 많이 쓰인다.

- 물 성분이 기본으로 수분을 많이 머금고 있다.
- 점성이 약해 그 질감이 묽고, 머신 색소에 많이 쓰인다.

색소의 이상적인 크기

색소는 피부조직에 무자극, 무독성이며, 햇빛에 안정적이고 농도가 좋아야 한다.

색소입자의 이상적인 크기는 6마이크론(Microns) 이상 20마이크론(Microns) 이하이다.

색소의 크기	장점	단점
이상적인 크기 이상	피부 착색 안정적	색소의 주입이 어려움
이상적인 크기 이하	색소의 주입 쉬움	대식세포(Macrophage)의 탐식작용으로 탈색되며 색이 이동

tip 대식세포란?

면역담당세포의 하나로, 체내의 모든 조직에 분포한다. 이물질, 세균, 바이러스 등을 포식하고 소화하는 대형 아메바상 식세포를 총칭한다.

색소 선택 시 고려 사항

색소를 선택할 때에는 다음과 같은 조건을 고려해야 한다.

1. 색소의 성분 확인하기

2. 활석(Talc Free), 카본 블랙(Carbon Black)과 같이 신체에서 부작용을 일으킬 만한 성분이 있는지 없는지 확인해야 한다. 육아종과 출혈의 원인이 된다.

3. 햇빛이나 조명의 영향을 받지 않는 것

4. 멸균상태, 밀봉상태 확인하기

5. 유효기간 확인하기

6. 위생적으로 쓸 수 있는 용기

- 꼬깔캡, 펌프 용기, 스포이드, 짜서 쓰는 용기, 색소를 소량씩 담은 일회용 색소
- 직접 덜어 써야 하는 용기일 때는 소독된 스파츌라를 사용해 적당량을 덜어낸다.

FDA 승인을 받은 색소

미국식품의약국(Food and Drug Administration, FDA)에서는 법으로 첨가가 금지된 몇 가지 성분을 제외하고는 문신과 세미퍼머넌트 메이크업 즉, 미용용품에 해당하는 색소는 규제하지 않는다. 대신 색소 사용으로 인한 부작용이 신고되면 발생 원인에 대해 규명하는 일은 FDA에서 한다.

그러므로 그 외 다른 인증기업을 통해 안정성을 인증 받은 색소를 사용해야 한다. 또한 장기간 많은 시술자들이 사용해 왔던 부작용이 없는 색소의 선택이 중요하다.

그 외 색소 안정성 인증

1. Dermatest 피부과학 연구소

독일의 권위 있는 피부과학연구소인 Derma Test (더마 테스트)는 화장품 안정성을 테스트 하는 곳이다. 독일과 미국에서 행하고 있으며 세미퍼머넌트 메이크업 색소의 경우 안전성 검증 테스트(Safety Assessment Test)와 알레르기 인체 테스트 (Dermatological Test in Human)를 실시하여 그 안정성을 인정받을 수 있다.

2. SGS(Société Générale de Surveillance)

시험인증산업의 선도기업으로 스위스에 있으며, 높은 국제 기준을 고수해 최상의 전문적 행동 기준을 제시하는 기업이다. 농수산물 및 식품, 자동차, 화학물질, 에너지, 파이낸스, 생명과학 등에서 인증 및 검증을 행하고 있으며 세미퍼머넌트 메이크업 색소의 경우 중금속 검출 테스트를 실시하여 그 안정성을 인정받을 수 있다.

그 외 색소 보조제

1. 색소 이레이저

메이크업 도중 실수한 색소를 지우는 액체형 제품이다. 색소와 똑같은 방법으로 주입하면 이 액에 색소가 흡착되어 표피에서 빠져나온다. 1~2회 정도 사용하면 효과적이다.

2. 피그먼트 클렌저

메이크업 후 얼굴에 남은 색소를 제거하는 색소 전용 클렌저이다. 메이크업 후 피부는 손상되어 있으므로 조심스럽게 닦아낸다.

3. 칼라매칭 에센스

색소가 선명한 색상이 되도록 돕는다. 색소에 1~2방울 섞어 사용한다.

4. 색소 흡착제

색소가 피부에 잘 흡착될 수 있도록 돕는다. 색소에 1~2방울 섞어 사용한다.

Lesson 12 세미퍼머넌트 메이크업이 필요한 사람

퍼머넌트 메이크업은 우리 생활에 편리함과 외모적 아름다움을 선사한다. 장기간 유지가 가능하며 위험이 적기 때문에 많은 사람들이 부담 없이 퍼머넌트 메이크업을 하고 있다.

1. 눈썹

- 눈썹 숱이 적거나 모양이 불균형한 사람
- 지성피부여서 화장이 잘 지워지는 사람
- 일반 메이크업이 자신 없는 사람
- 눈썹에 있는 흉터를 가리기 원하는 사람

2. 아이라인

- 눈이 작아 눈매가 흐릿해 보이는 사람
- 일반 메이크업이 자신 없는 사람
- 지성피부여서 일반 메이크업이 잘 지워지는 사람
- 성형수술한 쌍커풀이 두꺼워 부자연스러운 사람

3. 입술

- 입술 색이 생기 없어 보이는 사람
- 입술 라인이 뚜렷하지 않고 흐린 사람
- 화장품 알레르기가 있어서 일반 메이크업이 불가능한 사람
- 일상생활 시 일반 메이크업이 지워져 불편한 사람
- 예전에 했던 퍼머넌트 메이크업의 색소가 변색된 사람

4. 메디컬

- 지넁으로 생긴 흉터
- 흉터자국의 자연스러운 커버
- 튼 살 교정
- 유방암 수술 후 유륜 유두 상처
- 두피의 흉터나 탈모로 헤어라인 모양 교정

5. 헤어라인

- 평소 헤어라인에 자신이 없는 사람
- 탈모로 인해 넓어진 이마를 가진 사람
- 헤어라인에 흉터가 있는 사람
- 이마가 넓어 얼굴 전체의 비율이 안 맞는 사람

소독 및 멸균

세미퍼머넌트 메이크업은 얼굴에 하는 메이크업이다. 피부에 색소를 입혀 아름다움을 나타내는 것이지만, 자세히 들여다보면 기계와 색소, 인체의 피부 등 전문 지식이 전제되어야 한다. 이처럼 점차 전문화되고 의학적 지식들이 접목되고 있는 요즘, 세미퍼머넌트 메이크업 시술자들은 그에 맞춰 소독과 멸균, 위생에 대한 지식의 습득이 필요하다.

소독이란 사람에게 유해한 미생물의 활성을 잃게 하는 것이다. 모든 미생물을 죽이는 것이 아니라 감염의 위험을 제거하는 비교적 약한 살균 작용이다. 멸균은 소독보다는 조금 더 강한 방법이며, 세균의 포자 등 전부를 제거하는 것을 말한다.

소독 시 고려사항 및 주의사항

1. 발생한 유기체가 무엇인지 파악한다.
2. 기구의 특성을 파악하고 그에 맞는 소독약이나 소독법을 실시한다.
3. 틈이 많은 기구일수록 세심한 관리가 필요하다.
4. 실시할 소독의 방법 및 시간을 미리 파악한다.
5. 소독약은 필요할 때마다 필요한 만큼 만들어서 사용한다.

소독 방법

자연적인 방법	햇볕에 의한 자연소독법(Sunlight)	
물리적인 방법	건열	화염멸균법
		건열멸균법
	습열	자비소독법
		고압증기멸균법
		자외선 살균법
가스를 이용한 멸균법	E.O(Ethylene Oxide)가스	
	프로필렌 옥사이드(Propylene Oxide)	
화학 약품에 의한 살균법	알코올(Alcohol)	에탄올(Ethanol)
	알데히드류(Aldehyde)	포름알데히드(Formaldehyde)
	할로겐(Halogan) 화합물	요오드포르(Iodophors)
	페놀 화합물	페놀(Phenol)
	산화제	과산화수소(H_2O_2)

1. 햇볕에 의한 자연소독법(Sunlight)

태양광선으로 살균하는 것이다. 가시광선, 자외선 및 대기 등의 공동작용에 의해서 살균되며 시간이 오래 걸린다는 단점이 있다.

2. 화염멸균법(Flaming Sterilization)

불에 접촉시켜 표면에 있는 미생물을 사멸시키는 방법이다. 핀셋과 같은 금속제품, 사기제품이나 유리제품 등에 사용한다. 알코올 램프의 불꽃에 20초 이상 가열한다.

3. 건열멸균법(Dry Heat Sterilization)

전기 건열멸균기를 이용하며 멸균하는 방법이다. 최근에는 멸균장치에 있는 건조 기능으로 대신하는 경우도 있다. 유리주사기, 주사바늘, 금속제품, 사기제품, 유리제품 등에 사용된다. 160~170℃에서 40~90분 동안 처리한다.

4. 자비소독법(Boiling Water)

끓는 물에 넣어 미생물을 파괴시키는 방법이다. 끓는 물에 1~2%의 탄산나트륨을 넣어주면 소독력을 높일 수 있다. 금속기구, 주사기, 고무 등에 사용된다. 100℃에서 15~20분 소독한다.

5. 고압증기멸균법(Autoclaving Steam Sterilization)

고온 고압의 수증기를 미생물과 포자 등에 작용시켜 파괴시키는 방법이다. 병원이나 연구소 등에서 많이 쓰고 있는 방법이며, 고압멸균기를 사용해야 하고 의료용 포에 싸서 소독을 해야 한다. 포에 싼 후에는 꼭 날짜와 품목을 기입하고, 소독 후 물이 고일 수 있기 때문에 뚜껑 있는 기구는 뚜껑을 따로 소독해야 한다. 소독 후에는 충분히 외부에서 방치하여 건조시키면 된다. 금속제품, 침대보, 주사기, 고무, 종이에 싼 고무장갑 등에 사용한다. 120℃에서 20~30분 정도 소독한다.

- 멸균 후 유효기간 : 포로 감싼 것은 7~14일, 멸균팩을 사용한 것은 2개월 정도

6. 자외선 살균법

저진압 수은램프를 이용해 살균력이 강한 전지피를 방시시켜서 멸교히는 방법이다. 병원, 수술실, 식품 저장창고 등에서 널리 이용된다.

7. E.O(Ethylene Oxide)가스

액체 살균제에 비해 작용은 빠르지 않으나 그보다 많은 미생물에 대해 살균작용을 한다. 온도가 38~60℃일 때 최고의 살균력을 보여주며, 열에 약한 기구 소독에 사용한다. 소독 전 꼭 소독하는 날짜를 기입하며 소독 후에는 충분히 방치하는 것이 필요하다. 소독물품의 유효기간이 길다는 장점이 있지만 인체에 유해한 가스이기 때문에 주의가 필요하다. 플라스틱, 고무제품, 틈이 많은 기계류, 침구류, 각종 내시경 등에 사용한다.

8. 프로필렌 옥사이드(Propylene Oxide)

E.O가스와 비슷하나 그에 비해 살균력이 약한 편이다.

9. 에탄올(Ethanol)

주로 소독에 이용되고 투명하며 휘발성이 강하다. 보통 70~80%의 농도에서 살균력이 강하다. 피부, 손, 가위, 칼 등 기구 소독에 사용한다.

10. 포름알데히드(Formaldehyde)

포름알데히드를 35~38% 포함한 포르말린(Formalin)과 91~99% 포함한 파라포름알데히드(Paraformaldehyde) 분말을 주로 사용한다. 작용하는 범위가 크고 강한 살균작용을 한다. 금속제품, 고무, 플라스틱에 1~2%의 용액을 사용한다.

11. 요오드포르(Iodophors)

포비돈요오드(Povidone Iodine)가 가장 많이 알려져 있으며 계면활성제를 요오드에 첨가해 만든 것이다. 피부에 자극성이 낮고 피부에 도포해 놓으면 평균 7시간 정도 살균력이 유지된다.

12. 페놀(Phenol)

일반적으로 3% 수용액을 사용한다. 고온에서 효과가 더 크고 빛을 차단해 보관해야 한다. 금속 부식성이 있고 배설물, 오물에 오염된 의류 및 기구 등의 소독에 사용한다.

13. 과산화수소(H_2O_2)

주로 35% 농도인 것을 많이 이용한다. 의료용으로 시판되고 있으며, 그 제품은 2.5~3.5%의 과산화수소를 포함하고 있다. 상처 소독에 가장 많이 사용된다.

물품별 소독방법

1. 의류, 침구류 고압증기멸균법, 에틸렌가스 등

2. 금속, 나무제품 고압증기멸균법, 살균소독법

3. 플라스틱 도구, 카메라, 내시경 E.O가스 등

4. 의료용 기구 및 기계 고압증기멸균법, E.O가스 멸균법, 살균소독법, 건열멸균법

5. 손 소독

흐르는 물에 부드러운 솔로 꼼꼼히 씻는 것이 중요하다. 손 소독제를 사용하고 싶다면 핵사클로로펜, 요오드포르, 클로로헥시딘 제제, 역성비누 등을 이용한다.

Lesson 14 세미퍼머넌트 메이크업 전 위생관리

접촉을 통해 감염이 가장 쉽게 발생하는데 특히 기기 및 손을 이용한 시술은 이에 해당된다. 메이크업 시 접촉을 통한 감염이 고객에게 일어나지 않도록 주의해야 할 것이다.

작업실 위생관리

1. 작업실은 오직 세미퍼머넌트 메이크업을 위한 공간으로 따로 분리해야 한다.
2. 환기가 잘 되고 쾌적한 공간이어야 한다.
3. 청소도구가 있으면 안 된다.
4. 뚜껑이 없거나 페달이 있는 쓰레기통을 사용한다.
5. 바닥을 적절한 소독제로 정기적 소독을 실시해야 한다.
6. 음식이나 음료를 섭취하지 않아야 한다.

도구 위생관리

1. 일회용 종이 및 타월을 준비한다.
2. 바늘은 E.O Gas, 고압증기멸균법으로 처리된 일회용품을 사용한다.
3. 색소, 색소 컵, 바늘 등은 일회용품을 사용해 재사용하지 않도록 한다.
4. 메이크업 중 부족한 재료로 인해 소독된 손이 세균에 노출되지 않도록 충분한 양을 준비한다.
5. 메이크업에 필요한 바늘 등 도구에 문제가 없는지 확인한다.
6. 머신과 작업대는 소독되어 있는 것을 사용한다.
7. 메이크업 중 조명을 조절하지 않기 위해서 가장 알맞은 위치와 밝기로 준비한다.

1. 손을 깨끗이 씻고, 손 소독을 실시한다. 씻은 손으로는 절대 어떤 것도 만져서는 안 된다.

2. 소독되어 유통된 일회용 마스크와 장갑을 착용한다. 장갑을 끼고 나서는 세균에 노출된 어떤 물건도 만져서는 안 된다.

3. 메이크업 도중 흘러내리는 머리를 방지하고 고객의 감염 방지를 위해서 머리캡을 착용한다.

4. 신체에 착용하고 있는 액세서리를 모두 제거한다.

5. 일회용 작업복을 입는다. 작업복은 외부에서는 입을 수 없고 작업실 안에서만 입도록 한다. 만약 일회용이 아니라면 꼭 멸균소독을 실시하여 착용한다.

고객 위생관리

1. 고객이 누울 베드를 적당한 온도로 맞춰 메이크업 도중에 온도를 조절하지 않도록 한다.

2. 세미퍼머넌트 메이크업을 받을 피부를 세안시키고, 알코올 등의 소독액으로 깨끗이 소독한다.

3. 액세서리 및 렌즈를 제거한다.

4. 머리카락을 고정시키기 위한 머리캡을 준비한다.

Lesson 15 세미퍼머넌트 메이크업 후 위생(시술자의 폐기물 관리)

세미퍼머넌트 메이크업 후에는 폐기물을 관리하고 작업기구 및 작업 시 착용했던 의류 등을 소독해야 한다.

폐기물 및 기구 위생관리

1. 메이크업에 쓴 소독 솜이나 혈액이 묻은 솜, 일회용 재료 및 카트리지 등(일반의료폐기물)
2. 일회용 장갑, 작업복, 마스크 등(일반의료폐기물)
3. 폐기물 용기가 넘치지 않게 관리해야 한다.
4. 일회용 용기에 덜어 쓴 색소는 재활용하지 않고 바로 폐기한다.
5. 일회용이 아닌 장비들은 세척 후 알맞은 소독을 실시한다.
6. 세미퍼머넌트 메이크업 후에 머신과 분리한 일회용 바늘(위해의료폐기물)

고객 후 위생관리

1. 고객의 피부는 보릭 솜(Boric)을 이용해 소독한다. 메이크업 직후 피부에는 상처가 나있기 때문에 자극이 되는 소독제는 피한다.

   • 보릭 솜(Boric) 만들기

   1000cc 멸균 증류수에 붕산 10g~20g을 넣어 희석한 소독수에 솜을 적셔 만들고, 멸균 소독기에 소독한다. 하루에 한 번씩 만들어 사용하며 사용 후에는 냉장보관을 하고, 당일 사용 후 남은 솜은 폐기하도록 한다. 부속된 솜은 오히려 감염을 일으킬 수 있으므로 주의한다.

2. 시술 후 관리요령을 손님에게 충분히 설명하고 상처가 재생될 때끼지 주의사항을 알려주어 감염으로 인한 부작용을 미리 방지한다.

세미퍼머넌트 메이크업 전 주의사항

세미퍼머넌트 메이크업 전, 시술자가 꼭 확인해야 하는 부분이다. 피부 유형별로 메이크업의 방법과 사후 관리 또한 달라질 수 있다. 세미퍼머넌트 메이크업 자체를 피해야 할 경우는 시술자가 필히 숙지해야 하며, 상담 시 체크하고 진행해야 할 대표적인 사항들을 모아놓았다. 다음과 같은 내용을 충분히 숙지하여 시술자의 부주의로 인해 우려하는 상황들이 발생하지 않도록 예방한다.

세미퍼머넌트 메이크업 시 피부 유형별 주의사항

1. 건성

- 모공이 깨끗하고 색소침착을 방해하는 요소가 없어 착색이 비교적 잘 되는 편이다.
- 피부가 많이 건조하므로 메이크업 후 보습에 신경 쓴다.

  Tip 1. 색소의 침착이 비교적 잘 되기 때문에 메이크업 속도를 빠르고, 바늘 길이를 짧게 한다.

2. 지성

- 피지 분비가 활발해 유분이 많기 때문에 색소가 얼룩지는 등 색소의 착색이 어렵다.
- 모공을 막고 있는 각질층이 두꺼워 다른 피부보다 잦은 횟수로 각질 제거를 한다. 각질이 탈락할 때 색소도 같이 탈락되기 때문에 유지기간이 다른 유형에 비해 짧다.

  Tip 1. 세안은 메이크업 직전에 하는 것이 좋다. 미리 세안했다면 그새 올라온 유분으로 메이크업이 방해받을 수 있다.

  Tip 2. 메이크업 시 속도를 줄이고 바늘 길이를 길게 하여 색소가 충분히 주입될 수 있게 한다. 이때 개인차이는 있지만 일반적으로 바늘 길이는 0.4mm가 적당하다.

  Tip 3. 1차 통증 안정제를 바른 후 바늘로 디자인 틀을 딴다. 이후 2차 통증 안정제를 바른다. 2차 통증 안정제를 닦아내도 디자인 틀은 그대로 있으니 속을 메우면 된다.

3. 노화

- 색소의 착색이 비교적 어렵다.
- 주름이 있는 부분을 고려하지 않고 메이크업하면 의도와는 다른 디자인이 나올 수 있다.
- 각질이 탈락하는 주기가 길어 유지기간이 길다.

  Tip 1. 끝 부분을 올려 메이크업한다. 예를 들어 눈썹의 경우 눈썹 앞 머리보다 눈썹 꼬리를 올려 그린다.

  Tip 2. 메이크업 도구를 들고 있지 않은 손으로 피부에 텐션을 주고, 속도를 줄여 메이크업한다.

세미퍼머넌트 메이크업을 피해야 할 사람

1. 알코올 중독자일 경우

치료제인 Anatabuse를 복용하고 있는 사람은 메이크업이 어렵다. 투약을 중지하고 3개월 이후에야 메이크업이 가능하다.

2. Roaccutane, Retine-A로 치료 받고 있을 경우

여드름 치료를 목적으로 복용 또는 사용 중인 사람은 메이크업이 어렵다. 피부의 색소 변화 및 탈모 증세가 나타날 수도 있다. 투약을 중지하고 3개월 이후에야 메이크업이 가능하다.

3. 심장병이 있을 경우

메이크업 도중에 무리가 오면 쇼크가 발생할 수 있으므로 메이크업이 어렵다.

4. 고혈압이 있을 경우

메이크업 도중에 몸에 무리가 오면 혈압이 급상승할 수 있으므로 메이크업이 어렵다.

5. 당뇨병이 있을 경우

세미퍼머넌트 메이크업을 하게 되면 피부에 상처가 발생하는데, 일반인들과는 달리 당뇨병이 있는 사람은 지혈에 어려움이 있다.

6. 혈액질환이 있을 경우

혈우병, 백혈병 등을 앓고 있는 자를 말한다. 혈우병은 혈액에 응고인자가 부족해 피가 멈추지 않는 질병으로, 메이크업 도중 진피를 건드릴 경우 지혈에 어려움이 있다.

7. 피부암이 있을 경우

피부암은 기저세포암, 편평세포암, 흑색종, 카포시육종, 파젯병, 균상식육종 등 여러 가지 악성 피부질환을 총칭하는 말이다. 이러한 질환을 가지고 있는 자는 메이크업이 어렵다.

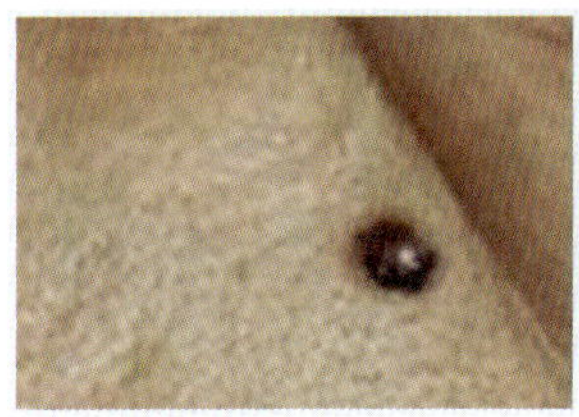
색소기저세포암

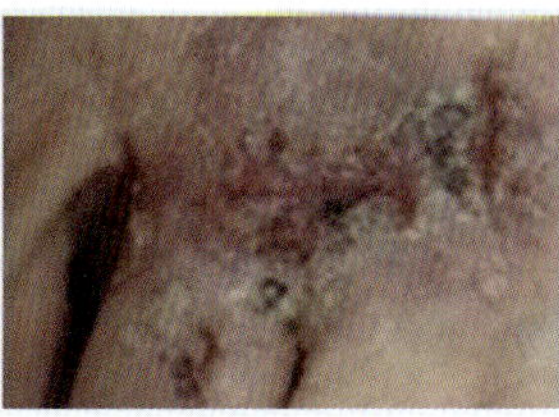
편평세포암

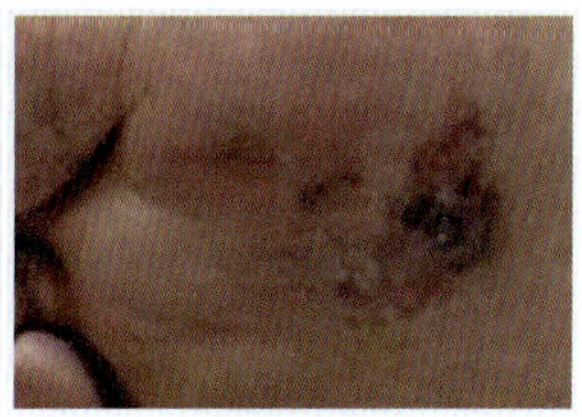
흑색종

8. 알레르기가 있을 경우

알레르기는 '과민반응'이라는 뜻이며, 어떤 물질과 접해 정상과는 다른 반응을 나타내는 현상을 말한다. 이 반응을 유발하는 항원을 알레르겐이라 하며 꽃가루, 약물, 식물성 섬유, 세균, 음식물, 염색약, 화학물질 등이 있다. 알레르기가 있는 사람은 메이크업이 어려우며, 하더라도 원칙적으로 메이크업 전 알레르기 스킨 테스트를 거쳐야 한다.

- 알레르기 스킨 테스트

  메이크업 48시간 전에 귓볼 뒤에 '패치 테스트'를 실시하여야 한다. 만약 알레르기 반응이 일어난다면 피부 진피의 모세혈관 확장 및 출혈로 홍반과 가려움증이 나타날 수 있다. 색소에 대한 알레르기 반응은 드물지만 발생확률이 적은 것이지 아예 없는 것은 아니므로, 금속 알레르기 등 다른 증상의 알레르기가 있는지 물어보고 테스트를 해보는 것이 좋다.

9. 켈로이드 체질인 경우

켈로이드는 피부가 다치거나 손상을 받으면 아물고 재생되는 경과를 밟게 되는데 이 과정에서 세포증식이 일반인보다 과도하게 이루어져 손상 부위보다 더 넓고 크게 확장된 흉터를 말한다. 켈로이드가 다른 흉터와 다른 점은 정상피부와 흉터부위의 경계가 불분명하고, 손상된 시기가 오래 지났음에도 불구하고 오히려 점점 자라나 정상부위까지 침범하기도 한다는 점이다. 시술 부위에 켈로이드가 형성될 가능성이 있다면 되도록 메이크업을 피하는 것이 좋다. 하지만 메이크업을 해야 하는 경우라면 귀 뒷면에 테스트를 진행한다. 보통 귀를 뚫은 부위에 이상이 없다면 켈로이드 체질이라도 눈썹 문신은 가능하지만 아이라인과 입술 부위는 주의하도록 한다.

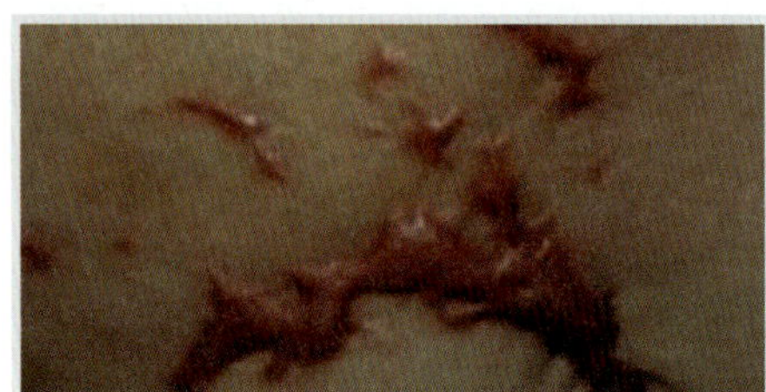

켈로이드

10. 생리 중일 경우

생리 기간의 여성은 혈관의 확장으로 메이크업 중 출혈이 많을 수 있고, 끝난 후에는 정상의 경우보다 더한 붓기나 멍이 생길 수 있다. 출혈이 많으면 색소의 착색을 방해한다.

11. 수유 중일 경우

모유 수유 중인 경우는 메이크업을 피해야 한다. 하지만 혼합수유 시기에 12시간 이상 수유를 멈출 수 있다면 메이크업이 가능하다.

12. 임신 중일 경우

메이크업 시 Anesthetic(통증 안정제)의 사용과 메이크업 후 감염으로 인한 항생제의 투여가 불가피한 상황 등이 우려되어 메이크업이 어렵다.

13. 정신질환이 있을 경우

불안장애, 건강염려증, 인격장애, 우울증 등을 앓고 있는 사람은 메이크업이 어렵다.

14. 문신제거를 한 경우

최소 2개월 후에 메이크업이 가능하다.

유형별 주의사항

1. 아토피 피부

'패치 테스트' 후 진행 가능하다.

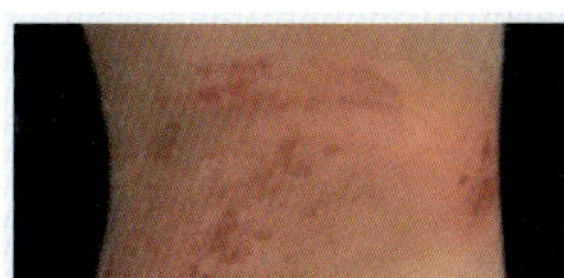

2. 여드름 및 상처

여드름이 있거나 상처가 있는 부위는 메이크업을 피한다.

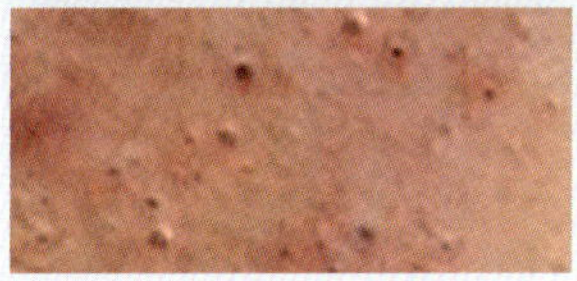

3. 안구건조증

아이라인 메이크업 시 안구가 건조해 눈이 더 시릴 수 있고, 개인적인 차이는 있으나 눈가가 더 부을 수 있다.

4. 라식, 라섹

아이라인 메이크업 시 Anesthetic의 사용과 색소의 사용 등으로 눈 시려움이 있을 수 있기 때문에 수술 후 최소 3~6개월이 지난 후에 받는 것이 좋다.

5. 헤르페스

헤르페스 바이러스 1형과 2형에 의해 일어나는 바이러스성 피부 질환으로 단순포진이라고도 부른다. 이 바이러스 자체로는 심각한 문제는 일으키지 않으나 한번 감염된 헤르페스 바이러스는 지속적으로 잠복 감염된 상태가 되어 신체가 피로하거나 면역기능이 저하되는 경우 다시 증식을 일으킨다. 특히 헤르페스 바이러스 보균자는 입술 메이크업 시 주의해야 한다. 메이크업 시술 후 헤르페스 바이러스로 인한 수포가 입술에 생기면 색소가 입술 라인 밖으로 번질 수도 있기 때문에 입술에 헤르페스(Herpes)가 자주 출현한다면 관련 약을 미리 복용하거나 메이크업 후 며칠은 약을 복용하는 것이 좋다.

6. 보톡스, 필러, 지방 이식, 레이저

시술 3개월 이후에 세미퍼머넌트 메이크업이 가능하다. 단, 필러의 경우 얼굴 윤곽의 변화로 메이크업 디자인 모양이 조금 달라질 수 있어 메이크업 후 시술을 진행하는 것이 적당하다.

7. 쌍커풀 수술

쌍커풀 수술 후 안 보이던 점막이 보이고 눈매가 달라질 수 있기 때문에 쌍커풀 수술을 받고 1~2개월 후에(붓기가 빠지고 어느 정도 회복 후) 하는 것을 권장한다. 만약 수술 후라면 6개월 경과 후 세미퍼머넌트 메이크업을 하는 것이 적당하다.

기타 주의사항

1. 공통적인 주의사항

- 당일 색상이 짙게 표현되어 어색할 수 있기 때문에 중요한 약속 전에는 되도록 메이크업 시술을 피한다.
- 당일 일반 메이크업은 하지 않는다.
- 아스피린, 오메가, 비타민 약은 일주일 전부터 삼가야 한다. 메이크업 도중 출혈 발생 시 지혈이 어렵다.
- 술, 담배는 1~2일 전부터 삼가야 한다.
- 전날 무리한 활동은 삼가하여 당일 컨디션에 영향이 없도록 한다.

2. 눈썹 주의사항

눈썹 결을 관찰해야 하기 때문에 눈썹 정리는 하지 않는다.

3. 아이라인 주의사항

- 당일 콘텍트렌즈 착용은 삼가고 시술 후 1~2일이 지난 다음 착용한다.
- 인조 속눈썹을 붙였을 경우 모두 제거한다.

4. 입술 주의사항

- 세미퍼머넌트 메이크업 당일까지 보습을 유지하는 것이 좋다.
- 헤르페스(Herpes)의 출현이 잦은 경우 미리 약을 처방받아 복용한다.

Lesson 17 세미퍼머넌트 메이크업 후 주의사항

　시술자의 실력도 중요하지만 소홀한 관리로 감염 및 부작용이 발생해 기대와는 다른 결과를 얻을 때가 있다. 고객에게 최상의 결과로 만족감을 안겨주기 위해서는 세미퍼머넌트 메이크업 후 주의사항을 충분히 인지시켜야 한다.

눈썹, 아이라인 및 공통적인 주의사항

1. 7~10일간 사우나, 수영장, 운동시설 등 습한 장소 및 땀 흘리는 행위는 삼가야 한다.

2. 3~4일 후부터 각질, 딱지가 발생하면 긁거나 인위로 탈락시키지 말고, 자연 탈락하도록 둔다. 인위로 탈락시킬 경우 색소도 같이 탈락할 수 있다.

3. 시술 직후는 주입된 색상이 진하게 느껴진다. 시간이 지남에 따라 조금씩 흐려지다 조금 더 짙은 색상으로 나타나는데, 피부에 색소가 주입되어 침착되는 시기에는 지극히 정상적인 현상이다. 시간이 지나 각질이 탈락하면 색상은 40~60%정도 흐려진다.

4. 피부가 붓고, 붉어질 수 있지만 시간이 지남에 따라 점차 좋아진다.

5. 세안은 다음날부터 가능하며 세안제를 이용하지 않고, 미온수로만 세안한다.

6. 3~5일간 처방된 약을 복용하고, 연고를 바르는 것이 좋다.

7. 피부가 회복될 때까지 일반 메이크업을 최대한 삼가야 한다.

8. 술과 담배, 날것의 섭취는 7~10일간 삼가야 한다. 메이크업 받은 부위에 염증을 일으킬 수 있다. 만약 몇일이 지났음에도 계속해서 붉고, 뜨겁고, 아픈 증상이 지속된다면 염증을 의심할 수 있다. 그 경우는 의사의 진찰을 받고 적당한 처치를 받도록 한다.

9. 피부의 빠른 재생과 회복을 위해서는 지속적으로 보습을 유지해야 한다. 처방받은 연고가 있다면 그 연고를 우선적으로 사용하고, 수분과 피부재생을 도와주는 시술 후 전용 재생연고를 5일 이상 발라준다. 단, 후시딘 연고는 상처가 아물면서 색소의 탈락을 일으키므로 사용을 금한다.

10. 아이라인의 경우 붓기를 가라앉히기 위해서 3일 정도 냉찜질을 한다.

11. 콘텍트 렌즈는 붓기가 충분이 가라앉은 후 착용한다.

1. 붓기를 가라앉히기 위해서 3일 정도 냉찜질을 한다.
2. 7~10일간 입술에 자극적인 음식이나 술, 담배 등은 피한다.
3. 헤르페스(Herpes)의 출현이 잦은 경우 약을 처방 받아 복용하도록 한다.
4. 3~4주 정도 입술 전용 립밤 및 재생연고를 수시로 바른다.
5. 치아 미백은 2개월 후부터 가능하다.
6. 통증완화제 사용에 문제가 없는지 확인한다.

리터치 시기

리터치는 기본적으로 피부가 재생된 후에 하는 것을 기본으로 한다. 1~2개월 사이가 가장 적당하고, 입술의 경우 3개월까지 적당하다. 하지만 연령대가 높은 고객일 경우 피부재생이 느린 것을 고려하여 그 시기를 판단하여야 한다.

또한 1차 색소를 주입한 후에 피부에서 착색되는 것을 지켜보며 2차에 어떤 색상을 주입할지 결정한다. 검은 색소를 주입했다고 해서 검은 색소가 있는 그대로 피부에 착색되는 것이 아니다. 그러므로 변색을 방지하기 위해서는 1차 색소 주입 후 충분한 관찰이 필요하다.

리터치는 보편적으로 2회까지 많이 하지만 지성피부나, 숱이 유독 적은 눈썹의 경우는 3회나 그 이상까지도 가능하다.

Lesson 18 통증완화제의 사용

   통증을 완화시키는 것은 메이크업 전에 꼭 필요한 절차이다. 실제적인 메이크업 시간은 약 한 시간 정도인데, 그 긴 시간 동안 통증을 느끼면서 메이크업을 받는 것은 그 누구도 환영하지 않을 것이다. 그러므로 Local Anesthetic(국소 통증 안정제)의 사용은 늘 필수이며, 그 종류와 성분 및 발현시간 등을 알아두어 적절한 때에 알맞은 Local Anesthetic(국소 통증 안정제)로 통증을 최소화해야 한다.

Local Anesthesia(국소 통증 안정제)의 구분

1. 표면마취(Topical Anesthesia)

피부 및 점막에 스프레이, 크림 등을 도포하여 감각을 마비시키는 방법이며 통증 안정제가 도포된 부위에 효과가 나타난다. 발현시간이 오래 걸리고, 작용시간이 짧다. 세미퍼머넌트 메이크업에 가장 많이 이용된다.

2. 침윤마취(Infiltration)

국소 통증 안정제를 주사기로 시술 부위에 직접 투여하는 방법으로 투여 시 통증이 수반된다. 피부 병변 수술 시 가장 많이 쓰이는 방법이다.

3. 팽창마취(Tumescent Anesthesia)

지방흡입술에 주로 이용되는데 희석된 국소 통증 안정제에 에피네프린을 섞어 수술 부위 피하지방층에 주입하여 감각을 마비시킨다.

4. 주위마취(Field block)

Local Anesthetic를 피하지방층에 주사하여 주사 부위 근처에 분포하는 신경으로 약제가 확산되어 통증을 안정시키는 방법이다. 침윤방식에 비해 더 넓은 부위의 통증 안정 효과를 기대할 수 있는 반면, 많은 용량이 필요한 단점이 있다.

국소통증 안정제 종류	설명	작용발현	지속시간
프로카인 (Procaine)	침윤, 척수마취 등 광범위하게 사용된다. 표면마취에는 적합하지 않다.	빠름	5~10
리도카인 (Lidocaine)	침윤, 표면마취 등 광범위하게 사용된다. 프로카인의 2~4배 강력하다. 주사로는 0.5~2%, 표면마취로는 4~10%를 사용한다.	빠름	20~30
테트라카인 (Tetracaine)	독성이 강하다.	느림	40~50
프릴로카인 (Prilocaine)	지속적으로 투여하기에 적절하지 않다. 리도카인보다 독성이 낮다.	느림	15~20
부피바카인 (Bupivacaine)	리도카인보다 4배 강력하다. 과량의 경우 경련, 순환허탈, 심근억제 등이 일어날 수 있다.	느림	50~60

Topical Anesthetic(표면 통증 안정제)의 종류

세미퍼머넌트 메이크업에서 가장 많이 쓰이는 방법은 표면마취(Topical Anesthetic)이다. 메이크업 전과 중간에 쓰며 그 종류는 다음과 같이 다양하다. 그 특성을 잘 알아두어 적절한 상황 및 부위에 쓸 수 있도록 한다.

1. BIO QUICK(바이오 퀵)

'BIO TOUCH'사의 제품으로 크림 타입의 통증 안정제다. 마취 효과는 빠른 편이며 메이크업 부위에 도포 후 15~20분 정도 방치한다.

- 적용시기 : 전　　　　　• 용량 : 15g　　　　　• 성분 : 리도카인 4%

2. INSTANT NUMB(인스턴트 넘)

'BIO TOUCH'사의 제품으로 크림 타입의 통증 안정제다. 통증 방지 효과가 뛰어나며, 진정 효과에도 좋다.

- 적용시기 : 전, 중　　　　• 용량 : 12g　　　　　• 성분 : 리도카인 5%

3. BIO GEL(바이오 젤)

'BIO TOUCH'사의 제품으로 젤 타입의 통증 안정제다. 피를 응고시키는 성분이 있어 붓기와 출혈에 효과적이다. INSTANT NUMB(인스턴트 넘)과 함께 사용하면 좋다.

- 적용시기 : 중

4. TAG #45(태그 45)

젤 타입의 제품으로 통증과 붓기, 출혈 방지에 효과적이다.

- 적용시기 : 중
- 성분 : 리도카인 4%

5. NUM QUICK PINK(넘 퀵 핑크)

짜서 쓰는 용기로 되어 있다. 아이라인과 립 시술 시 안전하게 사용이 가능하며 메이크업 부위에 도포 후 15~20분 정도 방치한다.

- 적용시기 : 전
- 성분 : 리도카인 3%, 테트라카인 2%, 조조바 오일, 알로에 베라

6. NUM QUICK GEL(넘 퀵 젤)

에프네프린 성분이 포함되어 통증과 붓기에 효과적이며 출혈을 막아주는 역할을 하고 입술 메이크업 시 적합하다.

- 적용시기 : 전, 중
- 성분 : 리도카인 5%, 에피네프린

7. BLUE GEL(블루젤)

붓기와 출혈에 효과가 있으며 얼굴뿐 아니라 몸에도 사용이 가능하다. 메이크업 부위에 도포한 후 15~20분 방치한다. 효과가 좋은 편이며 2시간 동안 지속된다.

- 적용시기 : 전
- 성분 : 리도카인 4%, 테트라카인 2%

Topical Anesthetic(표면 통증 안정제) 사용 방법

1. 먼저 메이크업 부위를 깨끗이 닦아낸다.
2. 소독된 스파츌라로 적당량을 덜어낸 후 면봉 또는 소독된 브러쉬를 이용해 메이크업할 부위보다 넓게 도포한다.
3. 최상의 마취효과를 위해서 적절한 도구를 이용해 덮어둔다. 주로 투명한 위생랩을 이용한다.
4. 30~40분이 지나면 색소 주입에 방해되지 않게 깨끗이 닦아낸다.
5. 마취된 부위는 하얗게 보일 수 있고, 감각이 무뎌져 표면의 통증을 느끼지 못하게 된다.

중추신경계 이상	두통, 감각 이상, 이명, 불안, 경련, 혼수
면역계 이상	알레르기, 홍반, 두드러기, 부종, 저혈압

Topical Anesthetic(표면통증 안정제) 보관 방법 및 주의사항

1. 사용 후 꼭 뚜껑을 닫는다.

2. 유통기한을 준수한다.

3. 햇빛이 들어오지 않는 서늘한 곳에 보관한다.

4. 산화되어 갈변한 제품은 사용하지 않는다.

5. 통증 안정제에 대한 알레르기가 없는지 확인한다.

6. 위 부작용과 같은 증상이 나타난다면 메이크업을 하지 않고 깨끗이 닦아낸다.

7. 아이라인 사용 시 눈 안에 들어가지 않게 조심한다. 만약 소량이라도 들어 갔다면 식염수로 흘려보내듯 씻어낸다.

Lesson 19 세미퍼머넌트 메이크업 기법

펜(Pen) 기법

수지와 엠보 기법이 있으며, 밑에 보이는 사진은 수지와 엠보 기법에서 사용할 수 있는 펜이다. 펜에 바늘을 조립해 시술자의 수작업을 통해 메이크업이 완성된다. 본연의 눈썹처럼 자연스러우며 다른 기법들보다는 피부에 상처가 덜하다는 장점이 있고, 유지기간이 짧고 숙련된 기술의 전문성을 필요로 한다는 것이 단점이다.

1. 엠보펜의 종류

2. 엠보펜 분해와 조립

엠브로이더 – 펜조립

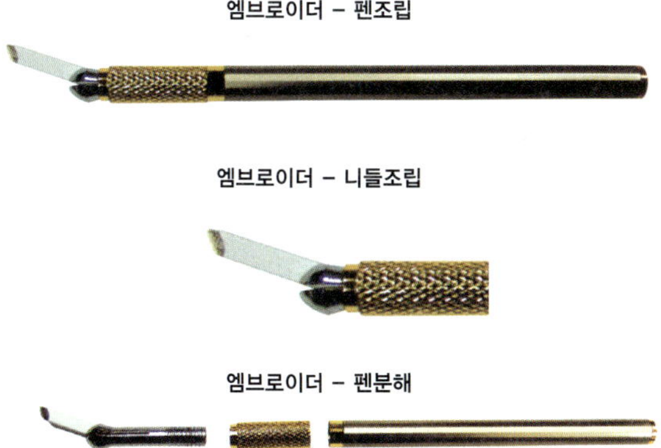

엠브로이더 – 니들조립

엠브로이더 – 펜분해

3. 수지용 바늘

4. 엠보용 바늘

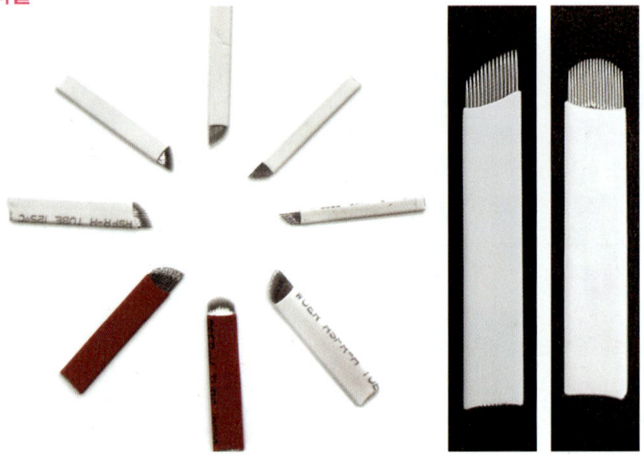

5. 엠보니들의 올바른 사용법

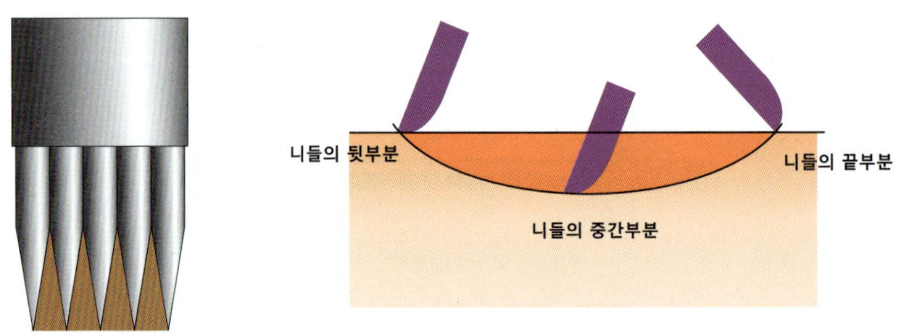

엠보니들에 색소를 묻혔을 때 그림과 같이 니들 사이사이 공간에 색소가 머물게 되므로, 엠보 색소는 머신용 색소보다 점성이 강해야 한다.

6. 수지 기법

그라데이션과 비슷해 보이지만 피부에 상처를 덜 주는 기법이다. 1~5개 묶음의 둥근 형태 바늘이나 평편형 또는 사선형의 바늘을 연결하여 색소를 찍어서 점으로 면을 표현한다. 손의 감각으로 힘을 조절하기 용이해 그라데이션보다는 자연스러운 느낌이 난다. 주로 눈썹, 아이라인, 입술 메이크업에 사용한다.

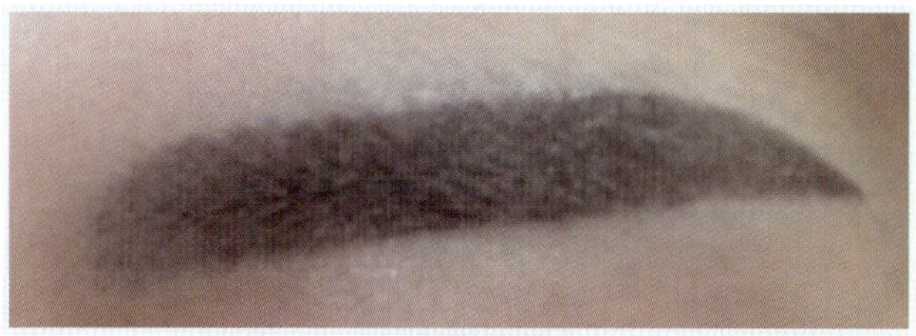

수지 기법

7. 엠보 기법

일명 자연눈썹 기법으로 요즘 가장 선호하는 기법이다. 엠브로이더 펜을 이용해 손의 감각만으로 2~21개의 전용 바늘을 이용해 그려낸다. 시술 받는 고객의 눈썹 결을 따라 한 올 한 올 그려낼 수 있으며 시술자의 전문성이 필요하다. 주로 눈썹, 헤어라인에 사용된다.

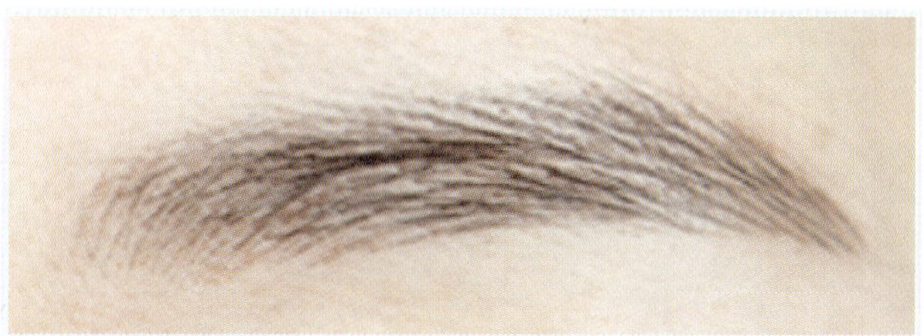

엠보 기법

8. 콤보 기법

두 가지 이상의 기법을 섞어 사용하는 기법으로 수지 기법과 엠보 기법을 혼용해 각 기법의 부족한 점을 보완할 수 있다. 주로 눈썹에 사용된다.

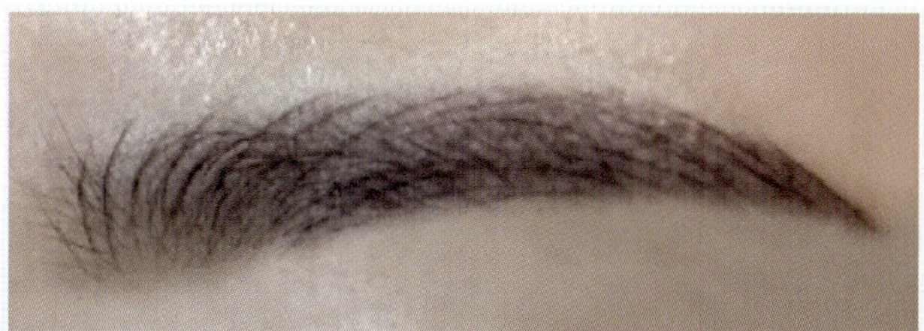

콤보 기법

1. 머신의 종류

구시대 모델은 페달을 밟아 작동했으나, 최근에 많이 사용하는 모델은 아래 사진과 같은 디지털 방식의 머신이다. 펜이 자동으로 수직운동을 하며 깊이와 바늘의 길이, 빠르기 등을 조절할 수 있다.

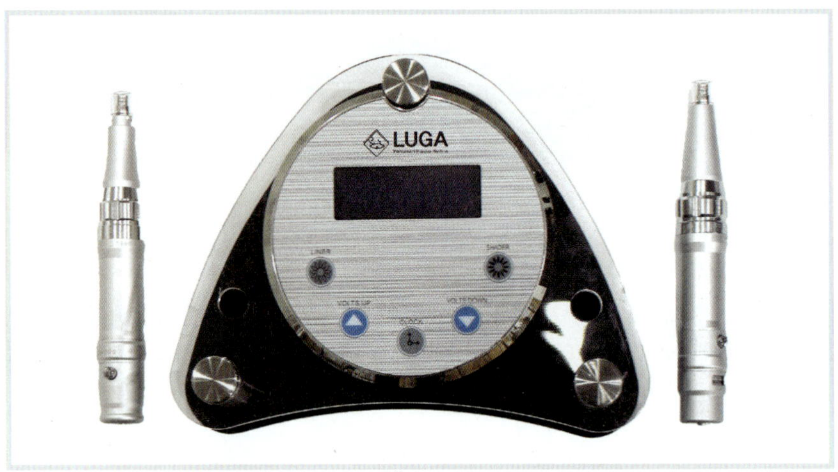

🖌 머신의 종류

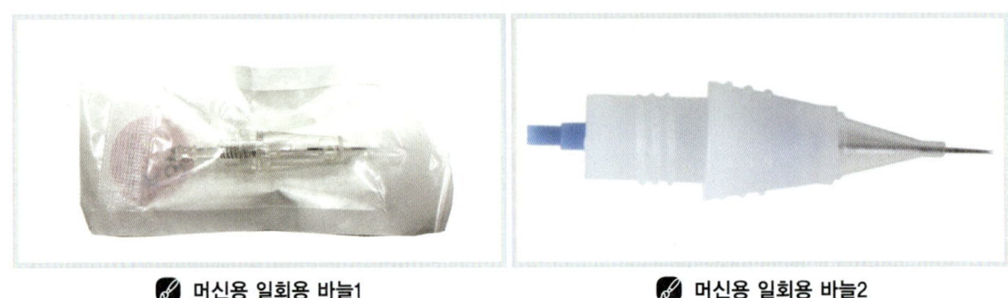

🖌 머신용 일회용 바늘1　　　　　🖌 머신용 일회용 바늘2

TIP 위생적이고 안전한 시술을 위하여 사진과 같이 개별 멸균 포장된 일회용 바늘을 사용한다.

2. 세미퍼머넌트 메이크업 바늘의 종류

• 라운드 바늘(Round Needle)

바늘의 끝이 원형으로 모여있는
바늘이다. 바늘 사이에 빈 공간이
존재해 색소가 많이 묻는다. 플랫
바늘로 색을 주입했을 때보다 흐
릿하게 입혀진다.

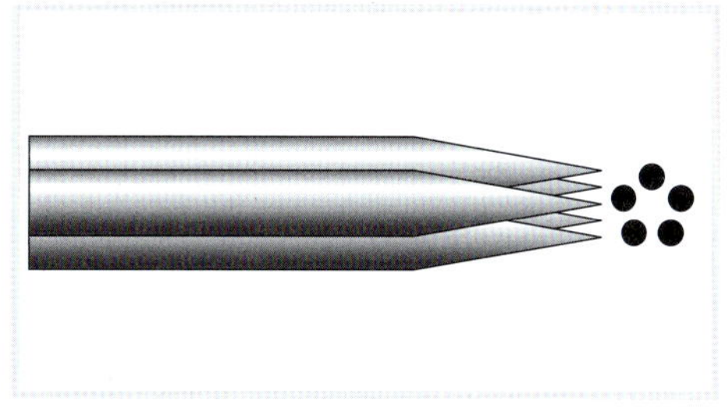

라운드 니들

• 플랫 바늘(Flat Needle)

바늘이 일렬로 나열되어 있으며,
라운드 바늘로 주입했을 때보다
색이 진하고 강하게 나온다.

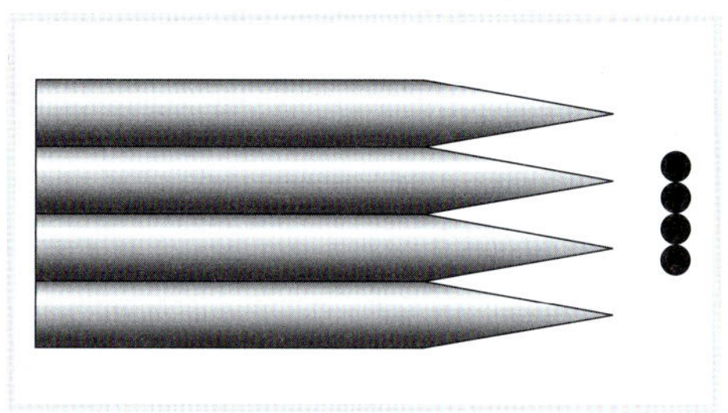

플랫 니들

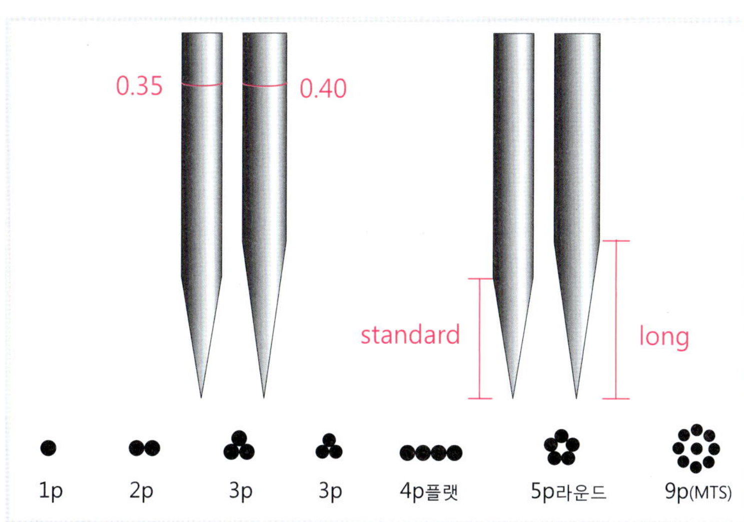

니들의 두께와 종류

• 위 그림은 세미퍼머넌트 메이크업 시술에 사용되는 바늘 중 가장 보편적으로 사용되는 바
늘의 종류를 나열한 것이다.

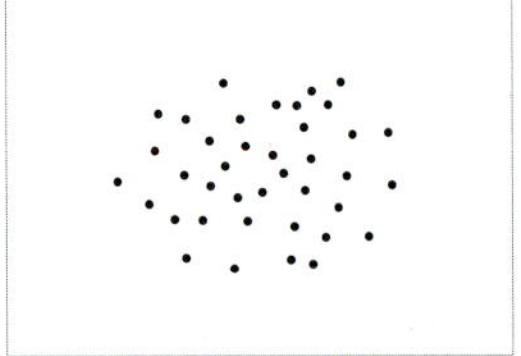

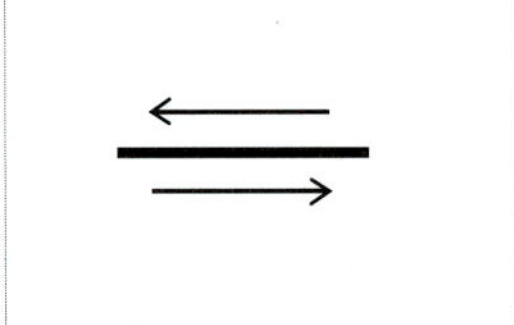

점찍기 수지기법의 기본이 되는 테크닉으로 바늘로 피부에 점을 찍듯이 시술하여 그라데이션 효과를 낸다.

일직선그리기 눈썹, 아이라인, 입술라인 등 모든 세미퍼머넌트 메이크업의 기초가 되는 테크닉이다.

양방향그리기 바늘을 양방향으로 왔다갔다하면서 그리는 테크닉으로 아이라인과 입술라인 등 더욱 명확한 선 표현을 위한 기법이다.

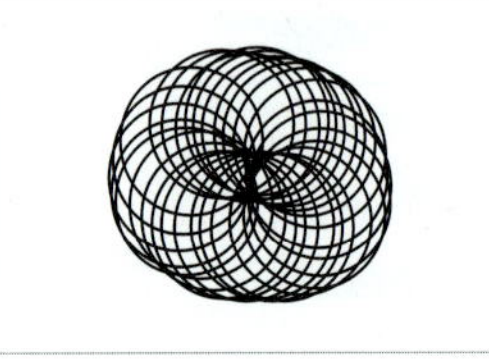

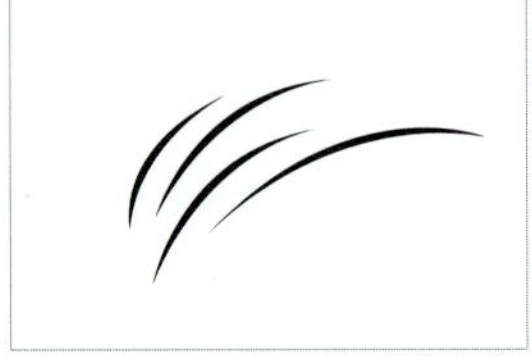

롤링 면을 채우기 적합한 테크닉으로 원을 그리듯이 롤링하면 넓은 면적에 색소를 꼼꼼하게 넣기 좋은 기법이다.

곡선그리기 엠보시술 시 사용하는 기초 테크닉으로 자연스러운 눈썹을 연출하기에 좋은기법이다.

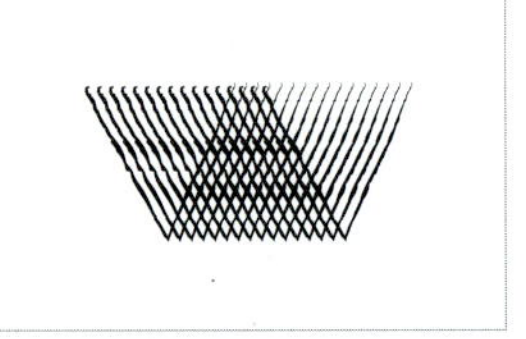

지그재그 바늘을 지그재그로 긋는 방법으로 아이라인 시술 시 굵은 선을 표현하기 좋은 기법이다.

크로스 직선을 교차하여 긋는 기법

4. 니들의 깊이와 사용법

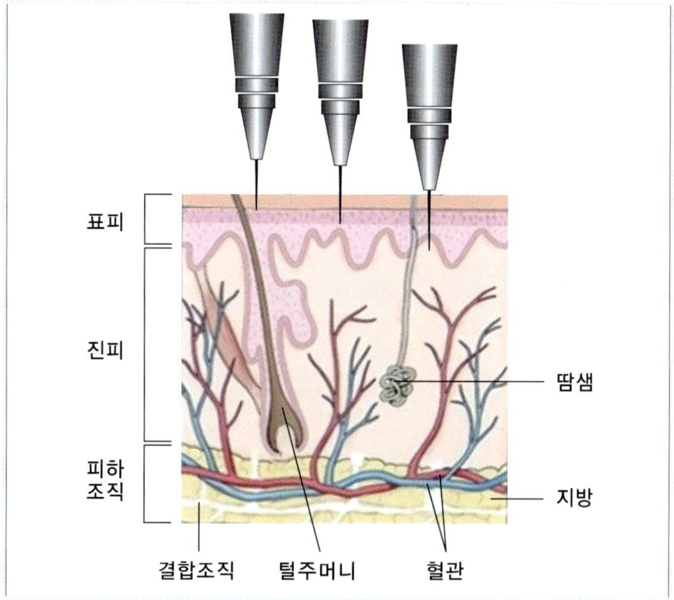

🖊 니들의 올바른 깊이

니들이 첫번째의 깊이처럼 표피층까지 들어가면 색소의 퍼짐이 적고 색소 본연의 컬러에 가장 가깝게 표현되나, 각화현상에 의한 색 빠짐이 빠르다.

두 번째처럼 니들이 진피 상층의 깊이까지 들어가면 컬러가 6개월 이상 지속되는 장점이 있다. 니들이 진피층까지 들어간 세 번째의 경우는 문신에 가깝다. 출혈이 발생하고 색소가 혈관을 타고 퍼지는 현상이 나타나며 컬러가 영구적으로 남아 수정이 어렵다.

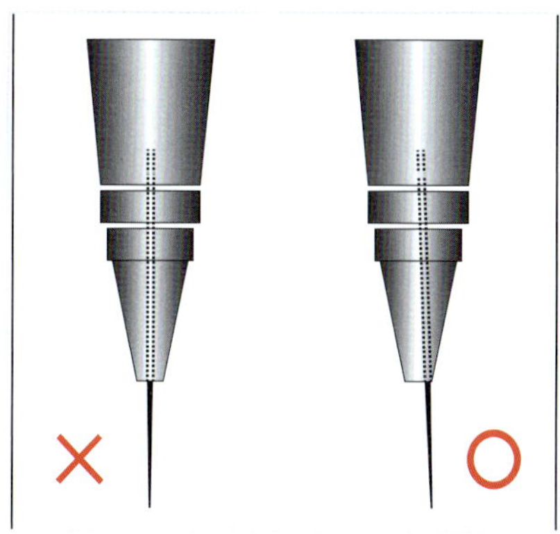

🖊 니들의 올바른 위치

TIP 머신을 사용할 경우 니들이 두 번째 바늘과 같이 팁에 닿아야 팁에 묻어있는 색소가 니들을 통해 피부에 주입된다.

5. 그라데이션(Gradation) 기법

오래 전부터 해오던 눈썹 화장 기법이다. 1~5개의 라운드형 바늘을 이용하며, 바늘이 자동으로 피스톤 운동을 해서 디자인한 부위 전체를 색으로 채우는 기법이다. 주로 눈썹과 입술 메이크업에 사용한다.

- 주의사항
  - 바늘의 침투가 비교적 깊어 피나 진물이 날 수 있다.
  - 눈썹의 앞쪽은 옅게 처리한다.
  - 눈썹만 화장기가 있어 인위적일 수 있다.

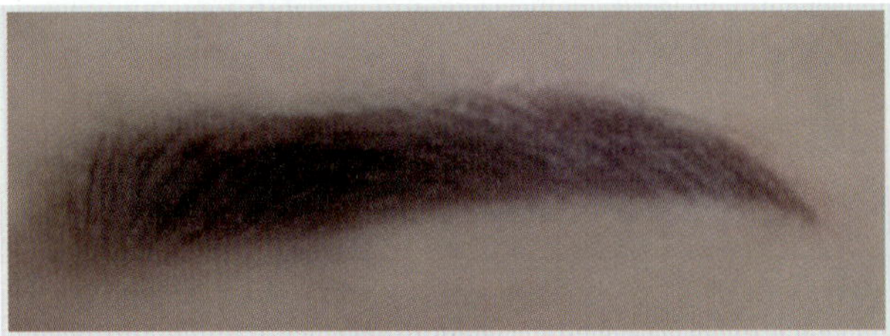

그라데이션

6. 페더링(Feathering) 기법

피부 손상을 줄이기 위해 1개의 바늘을 이용해 자연스럽게 눈썹 결을 따라 한 올 한 올 그리는 기법이다.

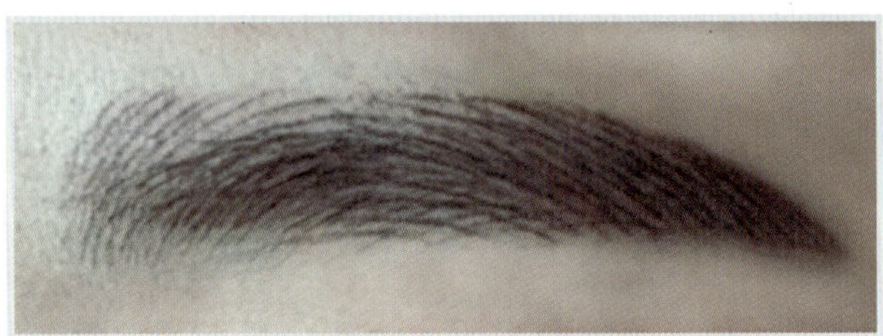

페더링기법

세미퍼머넌트 메이크업 용품

1. 색소판

색소를 덜 수 있게 만든 판이다.

2. 컵 홀더

색소컵을 고정시킨다.

3. 색소컵

색소 혼합 시 소량씩 적당량을 덜어 사용할 수 있다.

4. 색소 스틱

색소, 파우더 혼합 시 사용한다.

5. 색소믹서기

여러 가지 색소 혼합 시 사용하며 골고루 잘 섞일 수 있게 도와준다.

6. 마이크로 브러쉬

연고, 색소 등을 피부에 바를 수 있는 브러쉬이며 면봉처럼 이용 가능하다.

7. 마커펜

세미퍼머넌트 메이크업 시 밑그림 용으로 사용하는 의료용 마커펜이다.

8. 눈썹 전용 펜슬

눈썹 디자인 시 사용한다.

9. 눈썹 디자인용 자

눈썹 디자인 시 이용하며 휠 수 있어서 어떤 얼굴 크기에도 사용 가능하다.

10. 위생솜

보릭, 알코올, 증류수 등을 적셔 놓아 메이크업 부위의 소독을 도와주고 잔여물을 닦을 수 있다.

11. 위생저

각각의 위생저에 보릭, 알코올 그리고 증류수를 적신 솜을 담아 둔다. 편평한 위생저에는 엠보펜 등 필요한 도구들을 준비한다.

12. 눈썹 면도기

고객의 눈썹을 정리하는 데 사용하며 늘 소독한 상태를 유지한다.

13. 스텐드 조명

메이크업 중 색소 및 디자인을 정확히 파악하기 위해서 필요하다. 메이크업 전 알맞은 위치에 배치한다.

14. 메이크업 베드

시술자의 높이에 맞게 높낮이를 메이크업 전에 맞춰 놓는다.

15. 메이크업 의자

시술자의 높이에 맞게 높낮이를 메이크업 전에 맞춰 놓는다.

16. 폐휴지통

일반쓰레기용과 의료폐기물용 용기를 준비한다.

17. 헤어캡(일회용)

메이크업 전 시술자의 머리카락이 흘러내리거나 떨어지지 않게 헤어캡으로 고정한다.

18. 위생 시술복

메이크업 전 시술자의 위생을 위해 시술복을 갖춰 입는다.

19. 라텍스 장갑(일회용)

메이크업 전 시술자의 위생을 위해 손 소독 후 라텍스 장갑을 착용한다.

20. 마스크(일회용)

메이크업 전 시술자의 위생을 위해 마스크를 착용한다.

21. 전용 각질제거제

눈썹과 입술 메이크업 전 각질을 제거해 착색을 돕는다.

22. 커버랩

마취크림 도포 후 씌워둔다.

23. 웨건

세미퍼머넌트 메이크업에 필요한 재료들을 진열하는 진열대이며 늘 청결해야 한다.

24. 머신

메이크업에 적절한 머신을 이용한다.

25. 머신 홀더

메이크업 중간 머신을 잠시 놓아야 할 때 홀더에 꽂아 놓을 수 있으며 늘 위생에 신경 써야 한다.

26. 색소 및 색소 부자재

고객과 메이크업 부위에 맞는 색소 및 색소 부자재를 준비한다.

27. 카트리지

위생을 위해서는 일회용을 이용해야 한다.

28. 마취크림

메이크업 전 알맞은 부위에 적절한 마취크림을 사용한다.

29. 진정제

메이크업 후 예민해진 피부에 도포해 피부 진정을 돕는다.

30. 재생크림

메이크업 후 손상된 피부의 보습과 재생을 돕는다.

세미퍼머넌트 용품

 # 세미퍼머넌트 메이크업 실전 : 눈썹

눈썹은 가장 인기 있는 세미퍼머넌트 메이크업이다. 많은 사람들이 쉽게 찾으며 세미퍼머넌트 메이크업 중 기본으로 꼽히는 메이크업이다.

눈썹 형태에 따른 이미지

1. 미간이 좁은 눈썹

세련되고 성숙해 보이지만 답답한 인상을 줄 수 있다.

2. 미간이 넓은 눈썹

온순하고 동안처럼 보이지만 다소 어리숙한 느낌을 줄 수 있다.

3. 아치형 눈썹

부드럽고 가장 자연스러운 눈썹이며. 고상하고 우아한 느낌을 준다. 얼굴형에 크게 구애받지 않고, 많은 여성들이 선호하는 눈썹형태이다.

4. 둥근 눈썹

눈썹 산이 완만해 부드럽고 선한 느낌을 주어 강한 이미지를 보완한다.

5. 각진 눈썹

선명하고 뚜렷해 다소 딱딱해 보일 수 있지만 지적이고 세련된 느낌을 준다.

6. 일자형 눈썹

요즘 가장 유행하고 있는 눈썹이며 남녀 모두 선호하는 형태이다. 젊고 선해 보이며 활동적인 느낌을 준다.

7. 처진 눈썹

눈썹 꼬리가 길고 밑으로 내려가 있는 형태이며, 귀엽고 선한 인상을 줄 수 있으나 때로는 답답하고 어리석어 보이는 느낌을 줄 수 있다.

눈썹 두께에 따른 이미지

1. 가는 눈썹

여성스럽고 가냘퍼 보이지만 형태에 따라 날카로운 느낌을 줄 수 있다.

2. 두꺼운 눈썹

남성적이고 건강해 보인다. 형태에 따라 온순하고 착한 느낌을 준다.

눈썹 메이크업 주의사항

1. 피부 톤, 머리 색, 눈동자 색 등을 고려하여 컬러를 선택한다.
2. 변색이 되지 않게 색을 잘 혼용하여 사용해야 한다.
3. 메이크업 시 눈썹을 잡고 있는 손에 텐션을 잘 주어 바늘이 고르게 색소를 주입할 수 있도록 한다.
4. 메이크업 중간 중간 마취크림을 도포한다.
5. 처음부터 과감하게 메이크업 하지 말고, 어느 정도 선이 잡히면 고객에게 보여 주어서 원하는 방향으로 메이크업이 될 수 있게 한다.
6. 피부 겉에 맴도는 색소를 중간 중간 닦아내 색이나 디자인이 잘 나오는지 확인한다.

눈썹 메이크업 실전

1. 고객과 색소 및 디자인을 상담한 후 결정된 디자인으로 밑그림을 그린다. 윤곽은 마카펜으로 점을 찍어 표시한다.
2. 마취크림을 바르고 30∼60분 커버랩을 이용해 씌워둔다.
3. 마취크림을 닦고, 눈썹 주위 잔털을 제거한다.
4. 준비된 색소를 주입한다.
5. 눈썹 형태가 거의 나타나면 고객에게 손거울로 직접 확인을 요청한다.
6. 수정 및 보완한다.
7. 메이크업이 끝났으면 소독하고, 아이스팩으로 피부의 진정을 돕는다.
8. 피부 진정제 등 재생을 도와주는 연고를 바르도록 한다.
9. 메이크업 후 주의사항에 대해 설명한다.

1. 계란형

계란형 얼굴

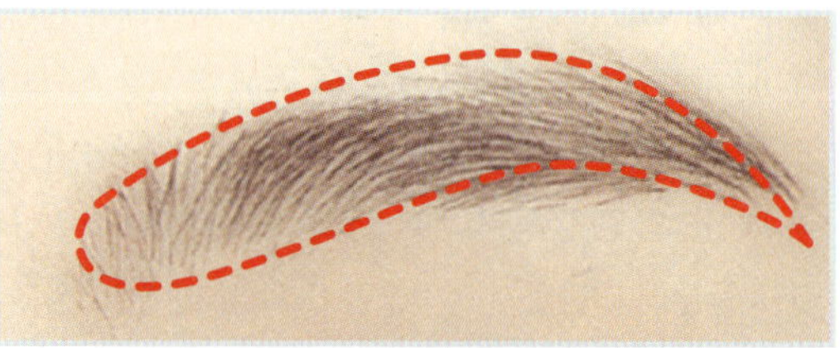

계란형 얼굴형 눈썹

계란형에는 역삼각형 눈썹이 어울린다.
눈썹 산을 적당히 높여 그리도록 한다.

2. 긴 얼굴형

긴 얼굴형 얼굴

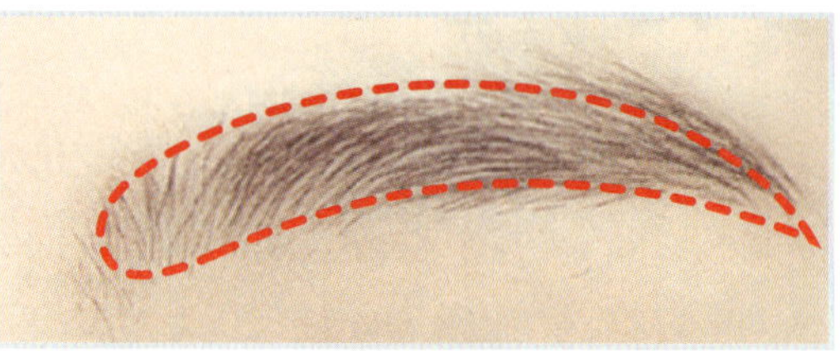

긴 얼굴형 눈썹

긴 얼굴형에는 오히려 산이 있는 눈썹을 그리면 얼굴이 더 길어 보인다. 산을 완만하게 만들어 부드러운 아치 형태의 눈썹이나 일직선 형태의 눈썹을 그리는 것이 좋다.

3. 둥근 얼굴형

📏 둥근 얼굴형 얼굴

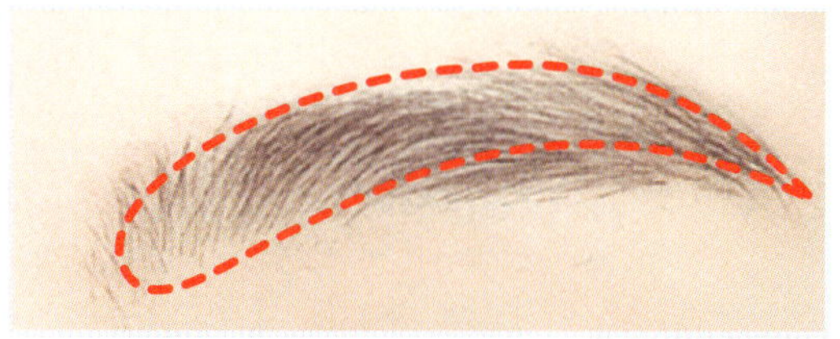

📏 둥근 얼굴형 눈썹

둥근 얼굴형은 얼굴이 가로로 넓어 보인다. 그러므로 눈썹을 위로 당기듯이 그려 얼굴을 보완해야 한다.

4. 각진 얼굴형

📏 각진 얼굴형 얼굴

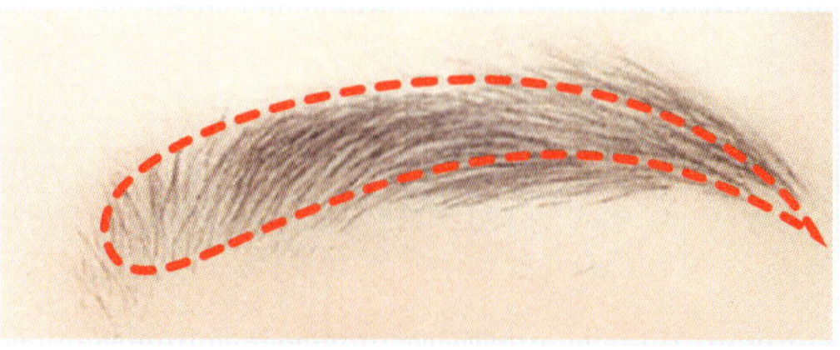

📏 각진 얼굴형 눈썹

각진 얼굴은 남성적이고 강한 인상을 준다. 이러한 인상을 보완하기 위해서는 부드러운 곡선이 들어간 눈썹의 형태가 좋다. 눈썹 산을 강조하여 그리면 얼굴이 더 각이 도드라져 보일 수 있으니 주의한다.

5. 다이아몬드형

📏 다이아몬드형 얼굴

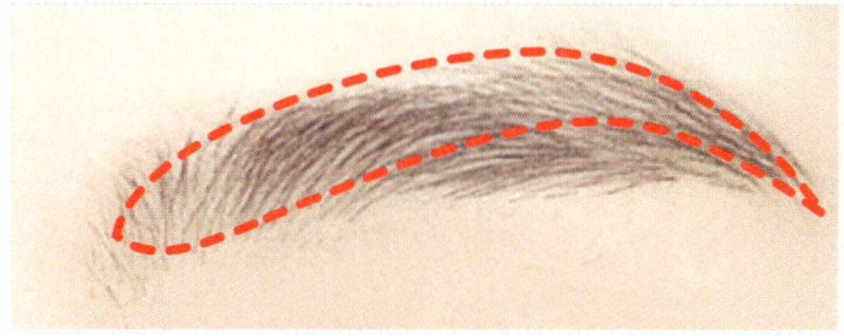

📏 다이아몬드 얼굴형 눈썹

눈썹 앞머리에 포인트를 주어 옆 광대에 가는 시선을 분산시켜 얼굴형을 보완할 수 있다.

1. 눈썹의 기본 모양

눈썹 그리기의 기본은 눈썹 시작점, 눈썹 산, 눈썹 꼬리의 위치를 파악하는 것이다.

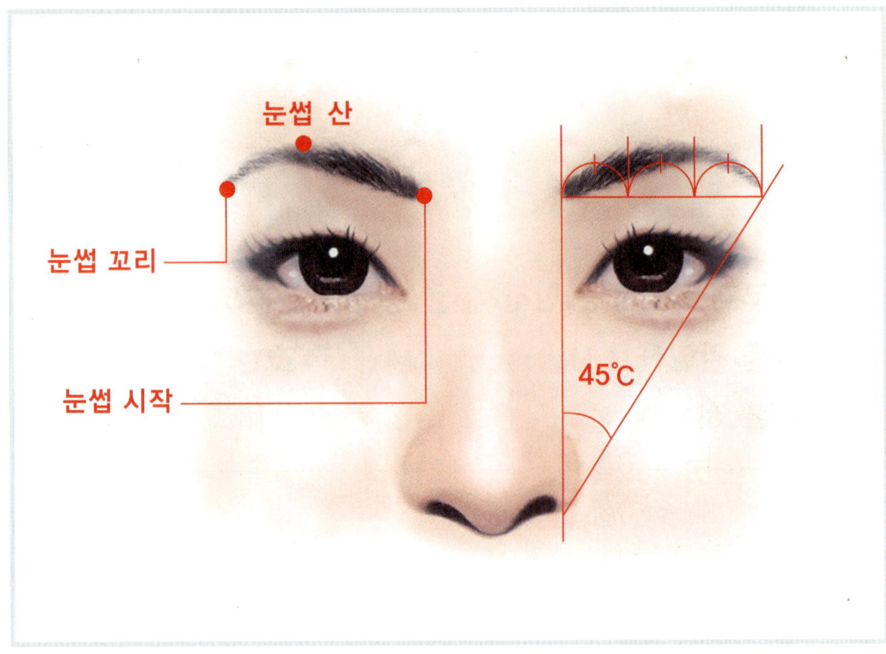

✍ 눈썹의 기본 모양

㉠ 눈썹 시작점

콧망울과 콧대가 만나는 지점에서 일직선으로 올라가는 위치가 적당하다.

㉡ 눈썹 산

눈썹을 3등분하여 2/3 지점까지를 눈썹 산으로 보거나, 빨간 점으로 표시된 지점을 눈썹 산으로 보는 것이 적당하다.

㉢ 눈썹 꼬리

콧망울에서 눈꼬리 넘어서까지 일직선으로 연결했을 때 눈썹과 만나는 지점이 적당하다.

2. 기본 눈썹 형태 그리기

눈썹의 대칭을 맞추고 눈썹의 여러 형태를 만드는 기본 드로잉 연습이다. 여기서 포인트
는 콧대를 기준으로 양 옆의 눈썹 시작점의 위치, 눈썹 산, 눈썹 꼬리가 대칭이어야 한다
는 점이다.

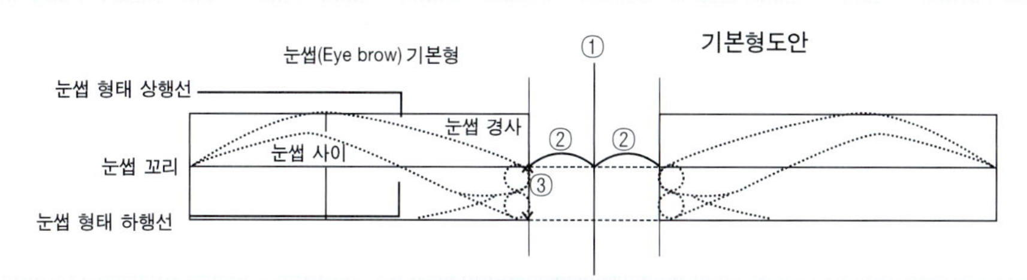

눈썹의 형태 그리기

3. 그라데이션 드로잉

일정한 힘을 가지고 빈 공간을 채워나간다. 눈썹 꼬리부터 시작해서 15° 정도의 사선으로 선
을 그린다. 윤곽보다는 안쪽 면을 더 진하게 표현해야 하며, 눈썹 머리는 연하고 눈썹 꼬리
로 가면 갈수록 명도가 짙게 나타나야 한다.

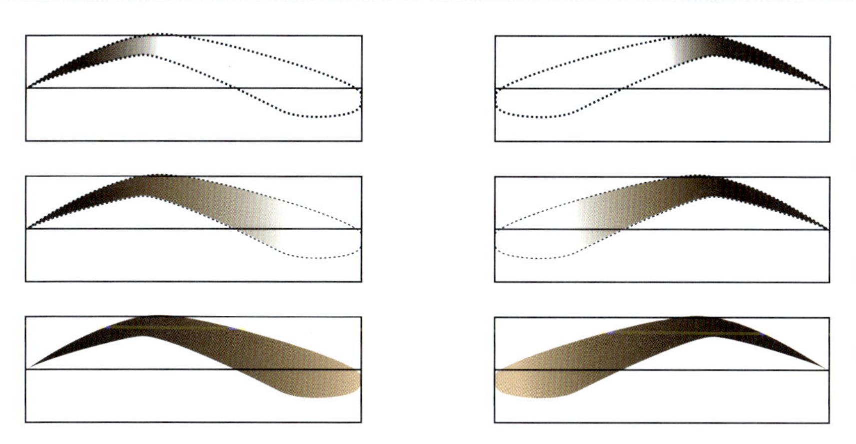

그라데이션 드로잉

눈썹 머리 부분의 뿌리는 좌측에서 우측으로 갈수록 길게 그리며 밑보다 위가 더 폭이 넓다. 뿌리는 시작점이 일정하지 않게 그리는 것이 더 자연스럽다. 눈썹 꼬리부터 일정 가닥을 그리고 그 안을 채워나간다는 느낌으로 앞머리까지 채워준다.

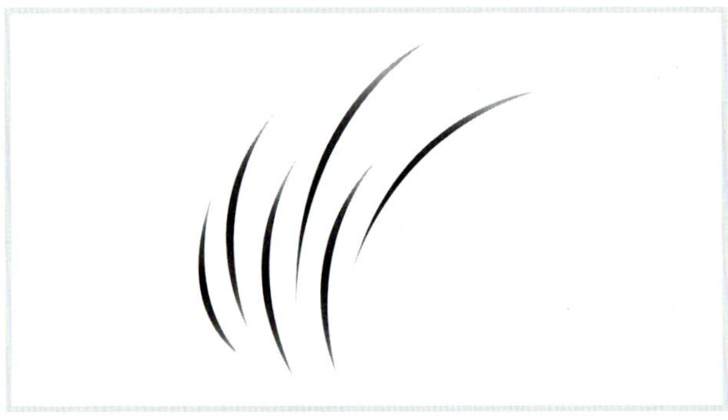

엠보 드로잉

• 엠보 선 긋기

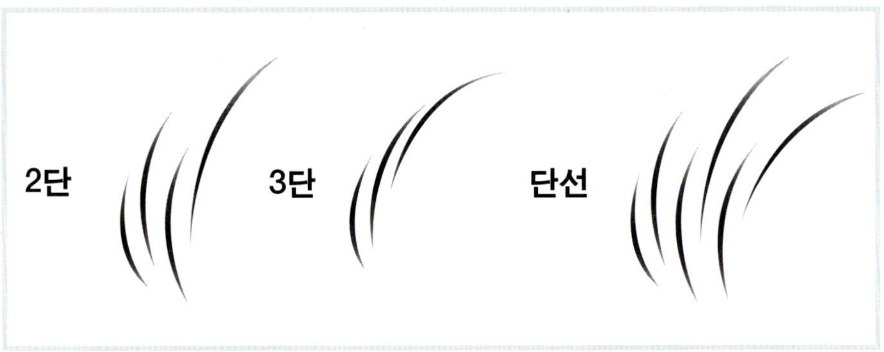

엠보 드로잉

먼저 눈썹 꼬리 끝면을 맞춰 그린다.

눈썹 반이 조금 넘어갈 때까지 일정한 간격의 선을 긋는다.

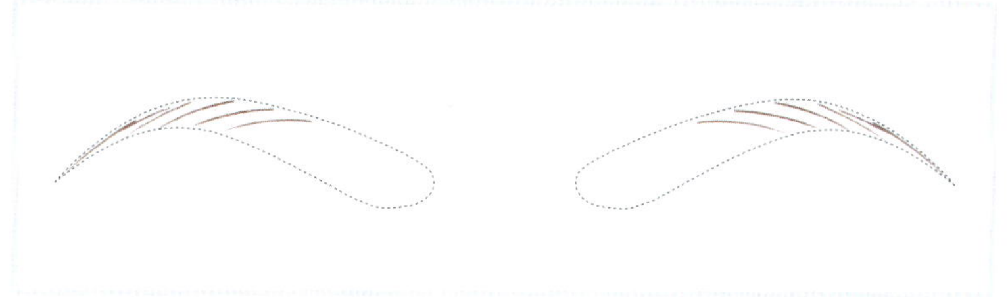

그 사이를 채운다는 느낌으로 선을 긋는다. 이 때 높이가 똑같으면 안 되고, 채우는 선은 처음에 그은 선보다는 밑에 있어야 한다.

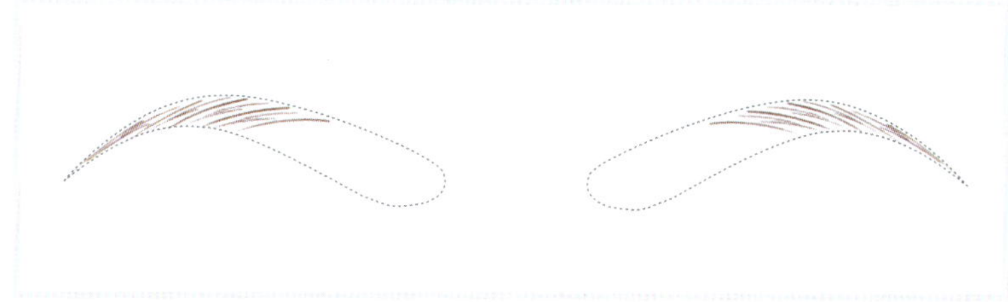

아래 그림과 같은 방향으로 눈썹 중간 부분을 그어주고 이때 기존에 그은 선들과 겹치지 않게 주의한다.

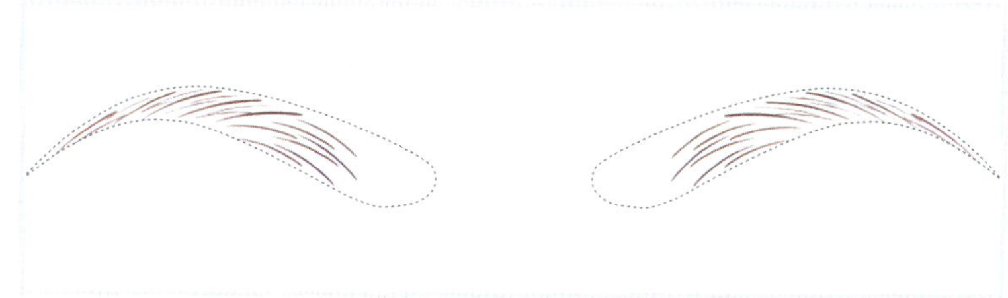

앞머리를 아래와 같은 기법으로 채운 후 빈 공간을 겹치지 않게 그려서 완성한다.

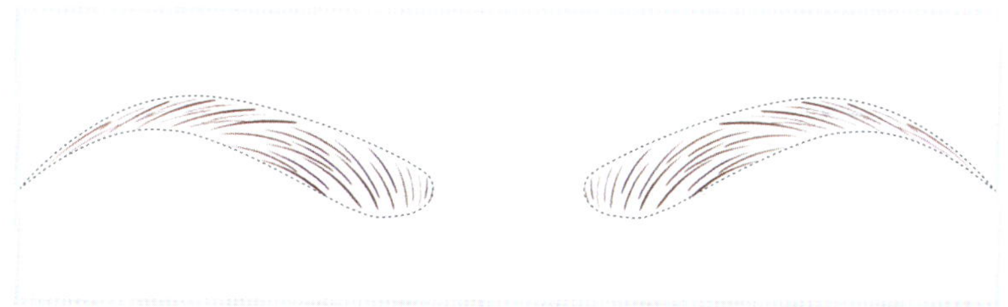

세미퍼머넌트 메이크업 실전 : 입술

입술 모양과 그에 따른 디자인

1. 얇은 입술

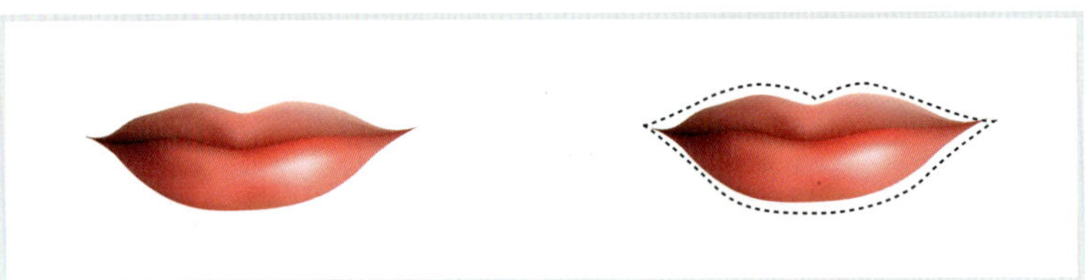

✎ 얇은 입술

이미지가 나쁘지는 않으나 자칫하면 빈약한 인상을 줄 수 있다. 본래 입술보다 1mm 정도 바깥으로 부드럽게 메이크업한다. 라인은 전체적으로 부드럽고 도톰해 보이게 그린다. 더 밝은 색상으로 메이크업하면 입술이 도톰해 보일 수 있다.

2. 두꺼운 입술

✎ 두꺼운 입술

여성스러움과 섹시한 느낌을 준다. 하지만 두께가 과하면 미련한 느낌을 줄 수 있다. 본래의 입술보다 1mm 정도 안쪽으로 메이크업하며 입술 산을 완만하게 그려 부피를 더 줄인다.

3. 입 꼬리가 처진 입술

✎ 입 꼬리가 처진 입술

활기 없어 보이고 우울한 느낌을 준다. 입꼬리를 1mm 정도 올려서 그리고, 전체적으로 인 커브로 메이크업한다.

4. 입술라인이 흐릿한 입술

✏ **입술라인이 흐릿한 입술**

크게 문제는 되지 않으나 입술 색이 옅으면 경계가 모호해져 자칫 생기 없어 보일 수 있다. 입술라인을 정확히 잡아주고 입술 면의 색상과 잘 어울릴 수 있도록 너무 짙게 표현하지 않는다.

입술 라인에 따른 디자인

1. 아웃커브형 입술

세련되고 섹시한 입술 모양이다. 아랫입술은 더 두껍고 도톰하게 그리고, 전체적으로 본래 입술보다 1mm 정도 넓게 그려준다. 하관이 넓은 사람은 하관이 작아 보일 수 있다.

2. 인커브형 입술

귀엽고 여성스러우며 사랑스러운 이미지의 입술 모양이다. 원래 입술 모양보다 1mm 정도 안쪽으로 그린다.

3. 직선형 입술

지적이고 도시적인 느낌의 입술 모양이다. 입술 산을 살리는 등 직선을 이용해 그린다.

입술 색 선택

1. 피부 톤에 따라

피부가 차가운 톤일 때는 핑크, 레드 계열로 메이크업하고, 따뜻한 톤일 때는 오렌지, 코럴, 오렌지 레드, 브라운 등으로 메이크업한다.

2. 입술 색에 따라

입술이 검푸른 빛을 띠는 경우 핑크 계열의 시술은 피하고, 레드 계열의 오렌지나 코럴 색상을 첨가해 메이크업한다. 하지만 핑크를 원할 경우 검붉은 입술을 밝게 바꿔주는 중화색소를 혼합해 메이크업하도록 한다.

1. 이상적인 입술 모양

가장 이상적인 입술 두께는 윗입술은 6~8mm, 아랫입술은 10~13mm 정도로 아랫입술이 윗입술보다 두껍고, 동공에서 일직선으로 내려왔을 때 입술 꼬리가 만나야 한다. 아랫입술이 윗입술보다 조금 두껍고 도톰해야 하며, 입술의 가로 길이가 코의 폭보다 짧으면 어색하다.

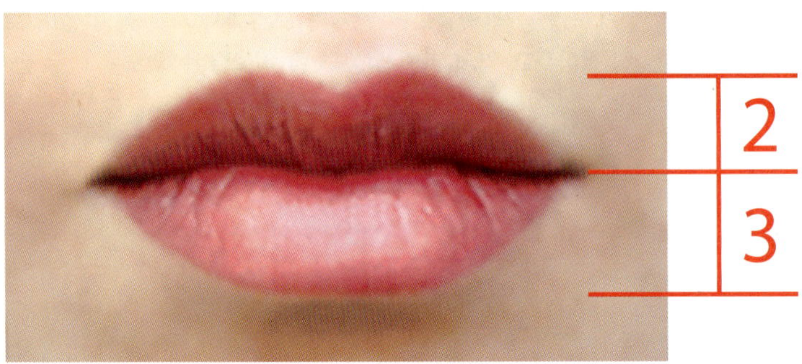

이상적인 입술모양

2. 입술 드로잉

바깥쪽에서 안쪽으로 드로잉하는 것을 기본으로 한다. 입이 큰 사람은 안쪽을 진하게, 입이 작은 사람은 바깥쪽을 진하게 표현한다.

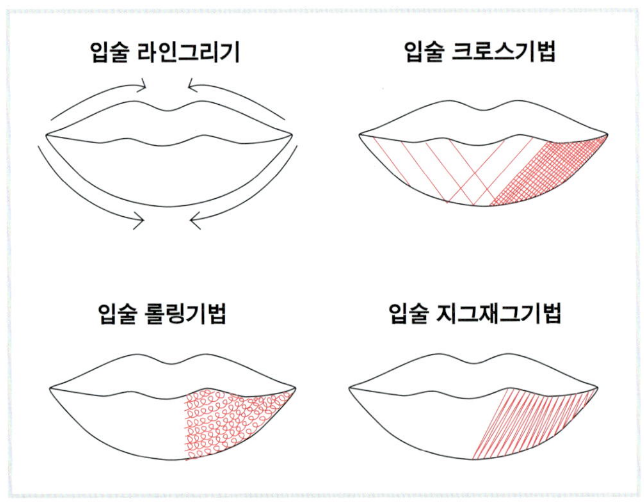

입술드로잉 기법

입술 메이크업 시 주의사항

1. 고객과의 상담, 피부 톤, 입술 색을 고려해 주입할 색을 정한다.

2. 입술은 주름이 많은 부위이므로 텐션을 주어 피부를 편평하게 만든 후 메이크업해야 한다.

3. 속도를 줄이고 선을 정확히 그린다.

4. 중간 중간 마취크림을 도포한다.

5. 입술은 1침 또는 3침으로 메이크업하면 좋다.

6. 중간 중간 보릭 솜을 이용해 색소를 닦아 잘 주입되었는지 확인한다.

7. 입안 쪽에 소독된 솜을 넣어 색소가 입안으로 흘러 들어가는 것을 방지해야 한다.

입술 메이크업 실전

1. 고객과의 상담을 통해 입술색과 디자인을 결정한 후 상담한 내용을 토대로 디자인한다.

2. 마취크림을 도포하고 30~60분 커버랩을 이용해 씌워둔다.

3. 마취크림을 닦고 색소를 주입한다.

4. 먼저 입술 라인부터 메이크업해서 면을 채워나간다. 입술 라인은 너무 진하게 주입하지 않도록 주의한다. 입 꼬리부터 시작해서 면을 천천히 채워나가는 것도 가능하다.

5. 메이크업이 되었으면 전체적으로 닦아서 색소가 잘 주입되었는지 확인하고, 색소가 잘 주입되지 않은 부분은 한 번 더 채운다.

6. 메이크업이 마무리되었으면 소독한 후 아이스팩으로 피부 진정을 돕는다.

7. 입술 전용 재생크림을 바른다.

8. 메이크업 후 주의사항을 알려준다.

세미퍼머넌트 메이크업 실전 : 아이 라인

눈의 형태와 그에 따른 디자인

1. 눈꼬리가 처진 눈

착해 보이지만 우울해 보일 수 있다. 그러므로 눈꼬리를 살짝 올려 그려주는데, 아이라인의 선 자체는 눈매를 따라가되 눈꼬리를 위로 조금 도톰하게 그린다. 이때 각도는 45° 정도 살짝 올려 그린다.

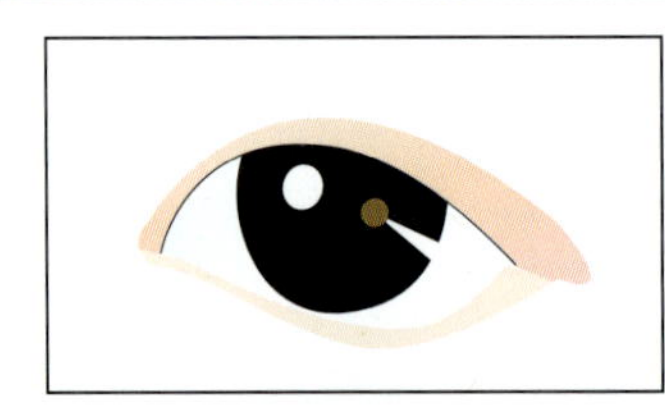
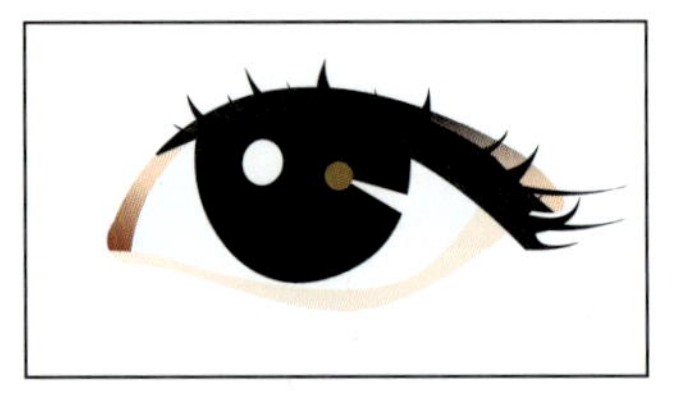

눈꼬리가 처진 눈

2. 눈꼬리가 올라간 눈

매섭거나 신경질적으로 보일 수 있다. 선은 눈매를 따라가되 꼬리를 살짝 내려 마무리한다.

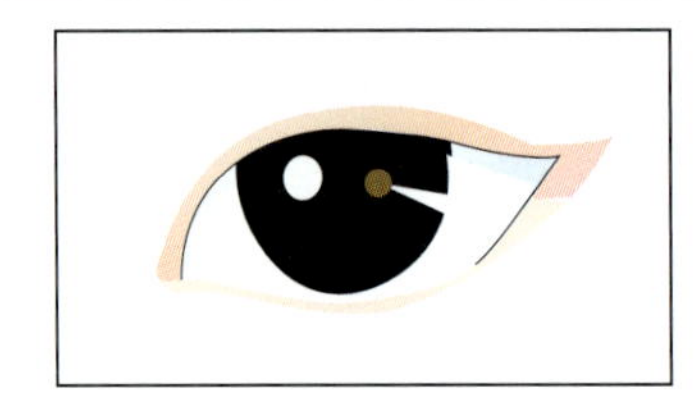
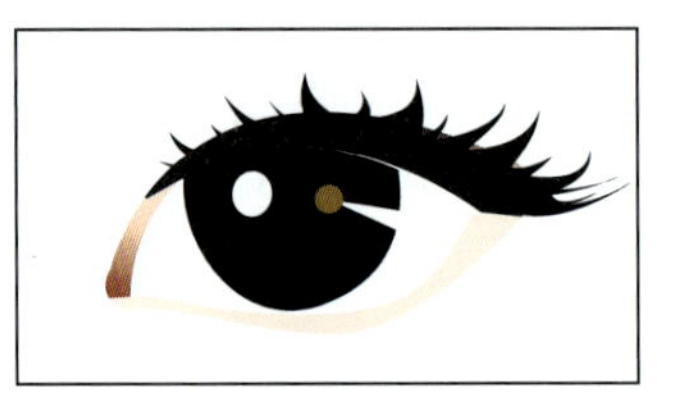

눈꼬리가 올라간눈

3. 쌍커풀이 있는 눈

쌍커풀을 인위적으로 두껍게 만들고, 눈꺼풀을 위로 들어올려 흰 점막이 보이는 형태이다. 이럴 때는 점막 부위와 속눈썹 부위를 꼼꼼히 채워야 한다.

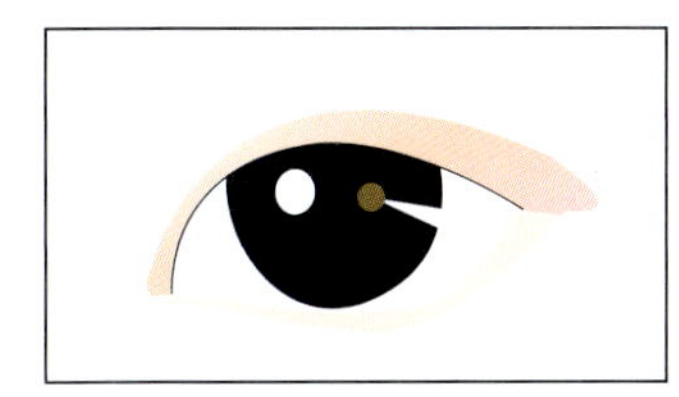
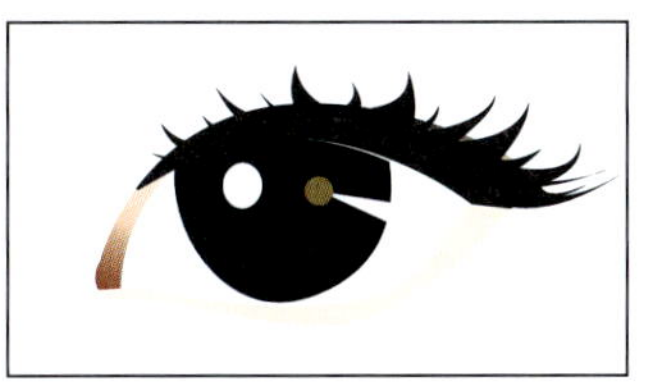

🖌 쌍커풀이 있는 눈

4. 외꺼풀인 눈

눈 위 지방이 도톰해 눈의 점막 자체가 잘 보이지 않는다. 그러므로 다른 모양의 눈들보다는 조금 두껍게 그려준다. 하지만 너무 두껍게 되면 인위적으로 보일 수 있어 오히려 어색해지므로 주의한다.

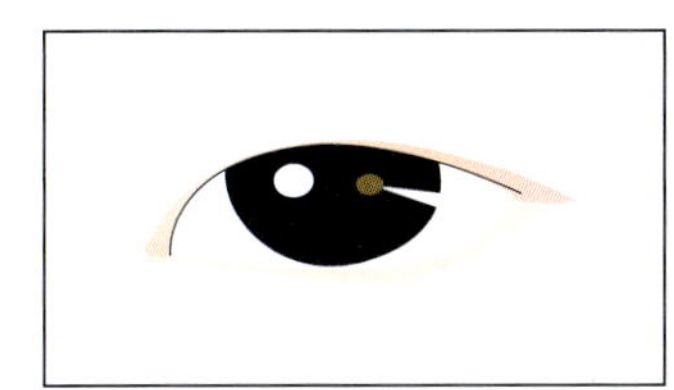

🖌 외꺼풀인 눈

5. 작은 눈

눈이 작아 답답한 인상을 줄 수 있으므로 눈 꼬리 부분을 열어줘야 하며 살짝 위로 올려주는 것이 좋다. 언더라인은 잘못 그리면 눈이 더 작아져 답답해 보일 수 있다. 만약 언더라인을 그린다면 직선으로 빼주어 눈매가 길어 보이게 만든다.

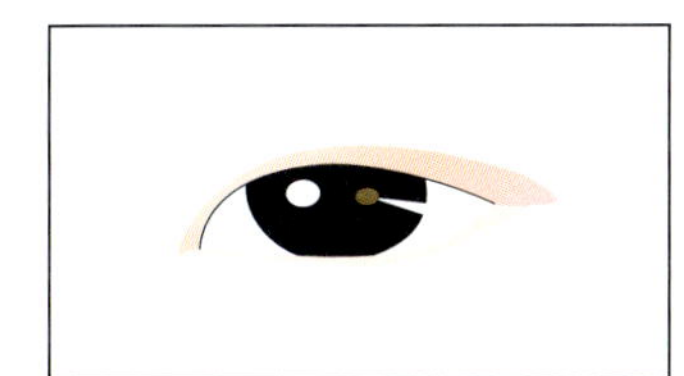
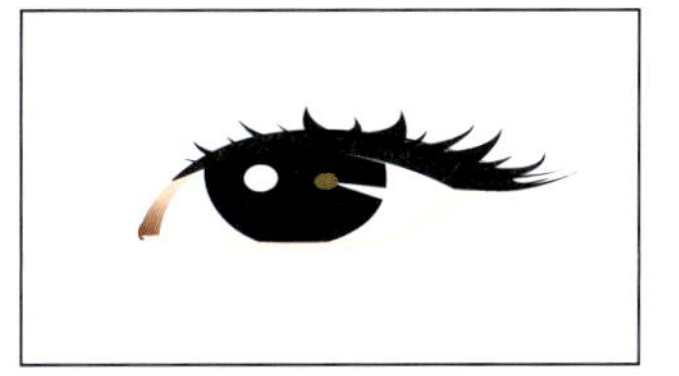

🖌 작은 눈

아이라인 색은 눈동자의 색에 따라 선택한다. 또한 한 가지 색을 사용했을 때의 변색을 예방하고자 색을 배합하여 사용한다.

검은 눈동자일 경우 검정에 검정 계열의 갈색을 소량 배합한다.

갈색 눈동자일 경우 검정에 진한 갈색을 소량 배합한다.

눈 구조 이해하기

1. 눈물샘(Lacrimal Gland)

눈물길과 함께 눈물기관을 구성하며 눈물을 분비한다. 위쪽의 눈물샘인 안와부누선과 아래쪽의 눈물샘인 안검부누선이 있다.

2. 공막(Sclera)

안구를 구성하는 막 중 가장 바깥쪽 막을 섬유막이라 하는데, 이 막의 뒤쪽에서 5/6까지가 공막으로 이루어져 있다. 안구의 형태를 유지하며 흰색이고 불투명하다.

3. 홍채(Iris)

안구를 구성하는 막 중 중간에 혈관막이 있는데, 홍채는 혈관막을 이루는 것들 중 가장 앞쪽에 위치한다.

4. 동공(Pupil)

눈 중심부에 작은 동그라미 형태의 빈 공간이다. 이 부분을 통해 외부의 빛이 전해진다.

5. 눈물길(Lacrimal Passage)

눈물을 배출시키는 길이다.

6. 마이봄선(Meibomian Gland)

피지선 같은 존재로 기름 성분의 눈물을 만든다. 아이라인 메이크업 시 점막까지만 메이크업하되 마이봄선에는 하지 않도록 한다. 마이봄선의 파괴로 안구건조증을 유발할 수 있다.

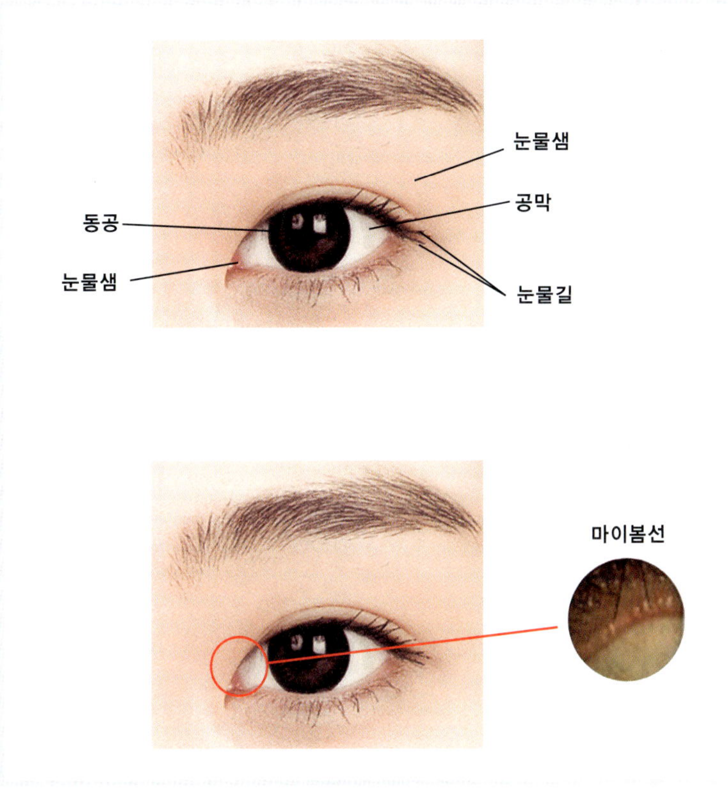

눈의 구조

아이라인 메이크업 시 주의사항

1. 눈의 앞머리는 얇고 꼬리 부분으로 갈수록 2배 정도 굵게 메이크업한나.

2. 마이봄선을 침범하지 않고 점막의 경계까지만 메이크업한다.

3. 색소 선택 시 두 가지 이상을 배합해 자연스러운 색상을 만든다.

4. 눈 안에 색소가 들어가지 않도록 주의한다.

5. 언더라인 메이크업은 눈 꼬리에서 아이라인과 만나지 않도록 한다.

6. 메이크업 시 눈 꼬리를 너무 길게 그릴 경우 색소의 퍼짐 현상이 있을 수 있으니 주의한다.

7. 중간 중간 마취크림을 바른다.

1. 고객과의 상담을 통해 색을 결정하고 디자인한다.

2. 마취크림을 바르고 30~60분 커버랩으로 씌워둔다.

3. 마취시간이 끝나면 크림을 닦고, 색소를 주입한다.

4. 선을 꼼꼼히 잘 이어서 메이크업한다.

5. 중간 중간 보릭 솜으로 닦아가며 색이 주입되고 있는지 확인한다.

6. 메이크업이 다 마무리되면 보릭 솜으로 잘 닦고, 아이스팩으로 피부 진정을 돕는다.

7. 항생제 안연고를 발라준다.

8. 세미퍼머넌트 메이크업 후 주의사항을 알려준다.

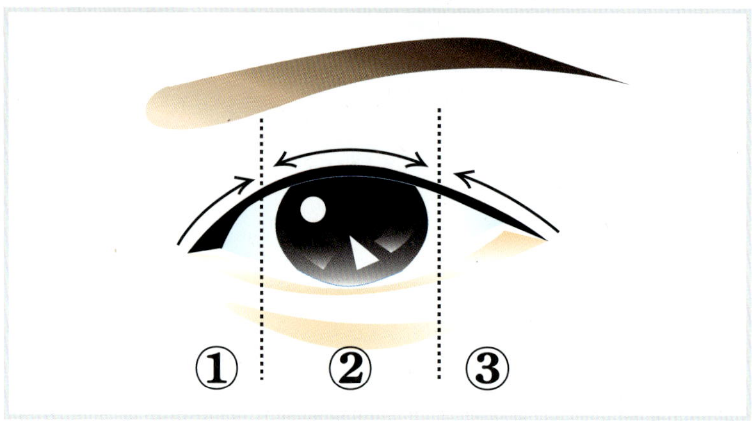

✎ 아이라인 그리기 방법

1. 시술 시 ①, ②, ③으로 구분하고 눈이 부으면 색소가 잘 들어가지 않기 때문에 ① 먼저 시술하고 ②, ③ 순서로 한다.

2. 눈썹 시술 시보다 천천히 그리고, 앞머리와 끝 부분 시술 시에는 바늘의 길이를 길게 잡는다.

3. 두께를 두껍게 시술할 때 사선으로 그어준다.

4. 앞부분, 뒷부분은 시술 시 끝부분이 굵어지는 현상을 방지하기 위하여 한 방향으로만 긋는다.

Lesson 23 관상학

세미퍼머넌트 메이크업은 외모의 부족한 부분을 채우고, 인상 또한 바꿀 수 있다. 따라서 세미퍼머넌트 메이크업을 이용하면 사람마다 지니고 있는 본래 관상보다도 좋은 관상을 만들어낼 수 있다.

관상학은 중국에서 기원했으며 인상을 관찰하여 그 사람의 운명을 판단한다. 최근에는 통계학적인 방법에 따르는 등 과학적인 방법으로 판단하는데 관상학을 구분 짓는 몇 가지 기준이 있다.

기본 인상(基本人相)

머리, 이마, 눈, 코, 입, 이, 귀 등 중요 부위를 관찰하는데, 얼굴을 삼등분하여 상정(上停), 중정(中停), 하정(下停)으로 관찰한다.

- **상정** : 선천적인 부분으로 초년 운과 부모 운
- **중정** : 중년 운과 자기 자신
- **하정** : 말년 운과 부하 운

십이궁(十二宮)

1. 복록궁(福祿宮)

성공과 사업 운을 볼 수 있다. 그 사람의 사회적 지위와 성패 등을 알 수 있으며, 복록궁 자리가 밝고 투명하면 사회적으로 높은 위치를 차지할 수 있다.

2. 명궁(命宮)

인당이라고도 하며 직업 및 천명 운을 본다. 피부 톤과 자리 잡힌 주름도 중요하며 맑고 광채가 나야 좋다. 넓이는 손가락 두 개 정도가 들어가는 것이 가장 좋다.

3. 천이궁(遷移宮)

여행 및 이동 운을 볼 수 있다. 이 부위의 피부 색이 변하면 불운의 징조이니 조심하는 것이 좋다. 가장 좋은 천이궁의 조건은 흠이나 파인 부분 없이 살이 평평하게 잘 올라온 것이다.

4. 형제궁(兄弟宮)

형제자매 운과 덕의 유무를 볼 수 있다. 눈썹 모양은 가늘고 초생달처럼 생겼으며, 모는 윤기가 돌고 결이 단정한 것이 좋다. 또한 주위 피부 상태도 중요하다.

5. 복덕궁(福德宮)

기회와 물질 운을 볼 수 있다. 이 자리의 피부색이 맑고 밝으면 복이 찾아온다.

6. 처첩궁(妻妾宮)

배우자 및 결혼 운을 볼 수 있다. 이 부위가 살집이 있고 주름 등 흠집이 없으면 금슬이 좋은 부부가 될 수 있다.

7. 전택궁(田宅宮)

주택 및 부동산에 대한 운을 볼 수 있다. 눈의 흑백이 분명하고 톤이 맑으면 운이 좋다고 한다.

8. 남녀궁(男女宮)

남녀 사이의 운과 자녀 운을 볼 수 있다. 색은 거무스름하지 않은 것이 좋고, 볼록하게 살이 차 있을 때 건강하다고 본다.

9. 질액궁(疾厄宮)

건강 및 질병에 대한 운을 볼 수 있다. 톤이 어둡거나 흠집이 있으면 좋지 않은 징조이다. 이와 반대로 피부 톤이 밝고 깨끗하다면 건강하다고 본다.

10. 재백궁(財帛宮)

부귀 운을 볼 수 있다. 코가 반듯하고 윤기가 흐르며 끝이 도톰하게 살이 올라 있으면 부귀운이 좋다고 한다.

11. 노복궁(奴僕宮)

부하 운을 볼 수 있다. 직장에서 나의 위치를 볼 수 있으며, 피부 톤이 밝으며 탄력 있고 살이 도톰하게 오른 사람이 운이 좋다고 한다.

12. 상모(相貌)

일생의 운을 볼 수 있다. 먼저 오악이라 하여 이마, 코, 턱, 좌우 관골 높이가 균등한지 판단한다. 그리고 삼정의 비율과 얼굴의 흉터, 피부 톤을 판단한다. 오악이 고르게 잘 올라와 있고 삼정의 비율이 좋으며, 얼굴에는 흉터가 없고 피부 톤이 맑으면 일생의 운이 좋은 사람이라 한다. 얼굴뿐 아니라 몸의 모양도 판단한다.

관상학(觀相學)

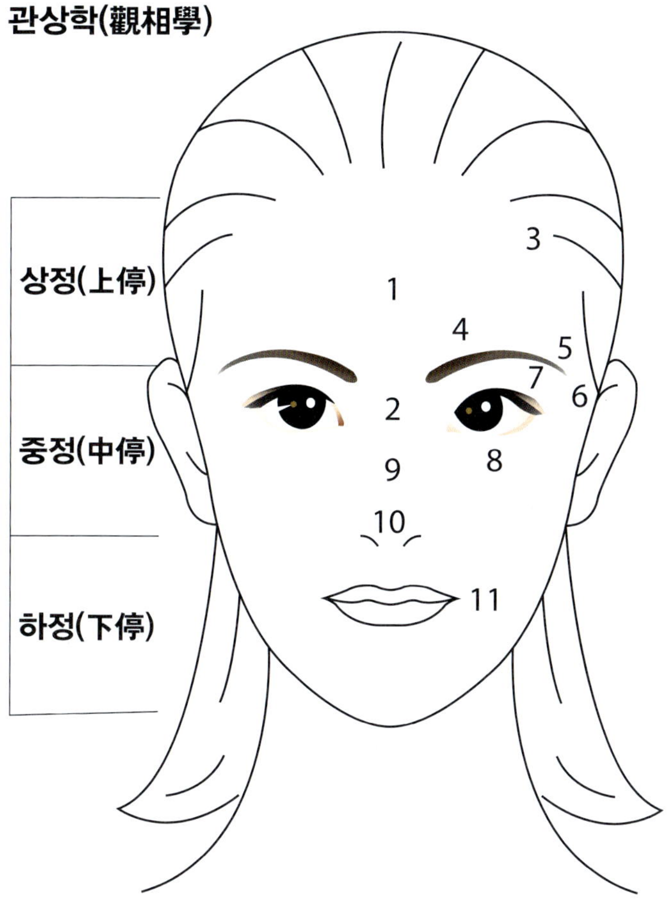

1. 복록궁(復祿宮)
2. 명궁(命宮)
3. 천이궁(遷移宮)
4. 형제궁(兄弟宮)
5. 복덕궁(福德宮)
6. 처첩궁(妻妾宮)

7. 전택궁(田宅宮)
8. 남녀궁(男女宮)
9. 질액궁(疾厄宮)
10. 재백궁(財帛宮)
11. 노복궁(奴僕宮)
12. 상모(相貌)

눈썹은 얼굴의 지붕이라고 할 만큼 중요한 역할을 하며, 부부운, 형제운, 자식운, 금전운, 사업운을 좌우한다고 알려져 있다. 좋은 눈썹은 모의 결이 수려하며 왕성해야 하며 눈보다 그 길이가 길어야 하고, 빛이 윤택해야 좋은 눈썹이라 할 수 있다. 그만큼 눈썹은 인상 및 관상에 있어서 중요하게 작용하기 때문에 많은 사람들이 눈썹 세미퍼머넌트 메이크업을 받고 싶어한다.

1. 일자 눈썹

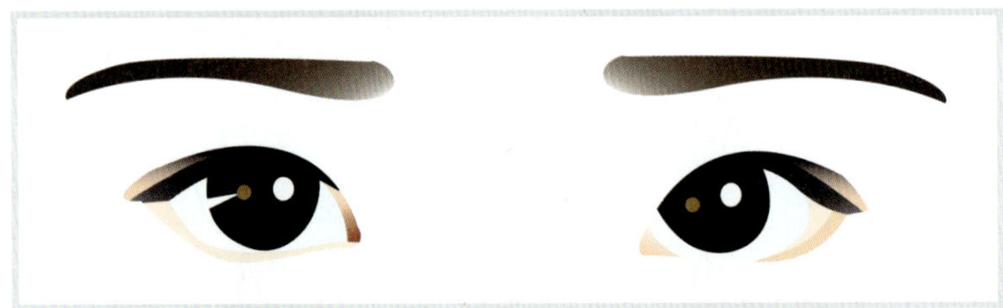

최근 가장 많이 선호하는 눈썹 모양이다. 어진 성품을 가진 사람 중에서 일자 눈썹이 많다고 한다. 고집이 강하지만 선하며 재물 복이 있는 눈썹이다.

2. 흐리고 흩어져 있는 눈썹

눈썹의 생김새처럼 재물이 모여있다가 금새 흩어져 버리는 눈썹이며 성격도 정돈이 안 되어 있는 상이다.

3. 눈썹 꼬리가 흐린 눈썹

위의 눈썹과 비슷하게 모두 잃어버리고 흩어져 고생하게 되는 눈썹이다.

4. 짙은 눈썹

성격이 꼿꼿하고 강직하다. 추진력이 있으며 능동적인 성향이라 할 수 있다. 그러나 자기 주장이 강해 주위 사람과 적대적인 관계를 갖게 될 수 있다.

5. 초승달 눈썹

영리하며 청순해 보이는 눈썹이며 출세할 수 있는 상이다.

6. 올라간 눈썹

결단력이 좋고 성격이 확실하지만 지나친 행동으로 피해를 볼 수도 있다.

7. 눈썹 길이가 짧은 눈썹

강단이 있고 추진력이 있는 성격이다. 합리적으로 행동하며 자신의 이익을 잘 따지는 이기적인 성향을 지닌 경우가 많다.

8. 좋은 눈썹 관상

여자들에게 좋은 눈썹은 둥글고 완만한 눈썹이다. 이 눈썹은 다정다감하고 친절해 보이는 눈썹이다. 눈썹은 곧게 잘 뻗어 있어야 하며 털의 끊어짐이 없어야 한다. 결 또한 중요해서 엉킨 눈썹이 아닌 정 방향으로 수려하게 나 있는 눈썹이 좋은 눈썹이다.

눈 관상학

얼굴에서 자기 자신을 반영한다고 할 수 있을 만큼 중요한 부위이다. 사람 느낌의 반 이상을 좌우하기 때문이다. 그만큼 중요하다는 것을 알기 때문에 많은 사람들이 눈 성형을 통해서 눈 모양을 변형시키고 있다. 관상학에서는 운명을 좌우할 수 있고, 사람의 선함과 악함을 판가름하는 중요한 역할을 한다.

1. 큰 눈

사교성이 좋아 주위 사람들과 잘 어울리고, 배려심이 깊으나 주위를 많이 신경쓰는 탓에 오히려 불안감이 생길 수 있다.

2. 작은 눈

자기 주장이 강해 주위의 의견을 귀담아 듣지 않고, 고집스러운 면이 있다. 하지만 추진력이 강해 목표를 달성하는 편이다.

3. 눈꼬리가 올라간 눈

성격이 강하고 성급하며 단순하다.

4. 눈꼬리가 내려간 눈

차분하고 본인의 속내를 많이 드러내지 않는다. 착하지만 답답한 면이 있다.

입은 여러 가지가 들어오고 나가는 부위로써 가장 많이 움직이고, 그만큼 많은 역할을 한다. 특히 여자의 관상을 볼 때 주로 입을 보기 때문에 중요한 부위라 할 수 있다. 입은 바다이며 땅으로써 여자를 상징하는 기관이기 때문인데 따라서 좋은 입술이란 윤택해야 하며, 특히 아랫입술은 두터워야 하며, 가는 주름이 많아야 한다. 색, 곡선, 모양, 주름, 윤기 등 좋은 관상인지를 판단하는 기준은 여러 가지이다.

1. 도톰한 입술

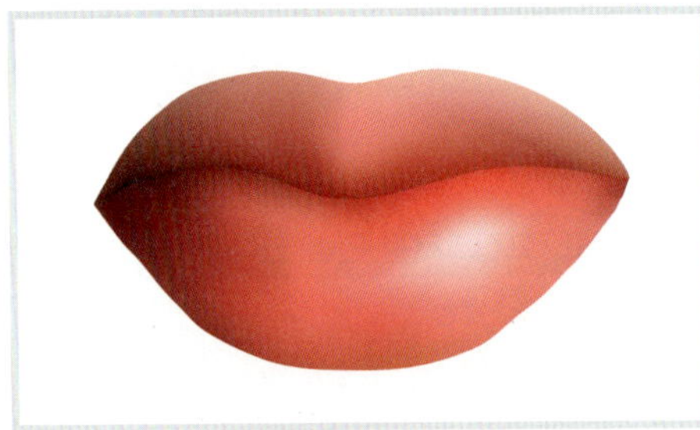

부부 사이도 좋고 정욕이 왕성한 입술이다. 솔직하고 직설적인 성격을 가진 사람일 수 있다.

2. 얇은 입술

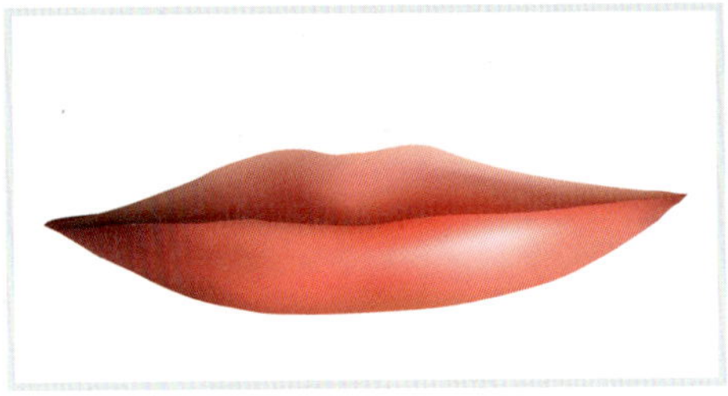

경솔하고 말이 많아 소위 입이 가벼운 입술이다. 계산이 빠르고 이기적인 성격을 가진 사람일 수 있다.

3. 입꼬리가 일자인 입술

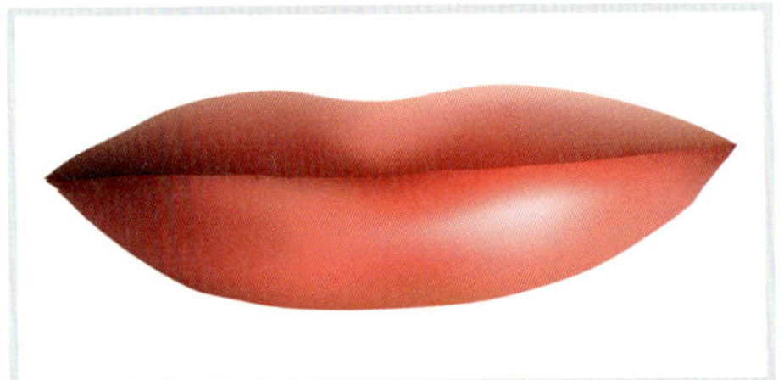

머리가 총명하며 재주가 뛰어나고, 부귀영화를 누릴 수 있는 입술이다.

4. 입꼬리가 위로 휜 입술

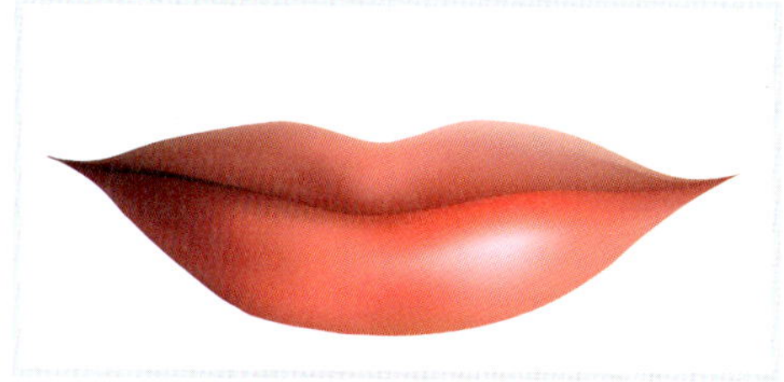

가장 아름다운 입술이며 활달하고 긍정적인 사고를 지닌 입술이다. 사교성이 좋아 유대관계가 좋고 주위에서 인기가 많다.

5. 입꼬리가 처진 입술

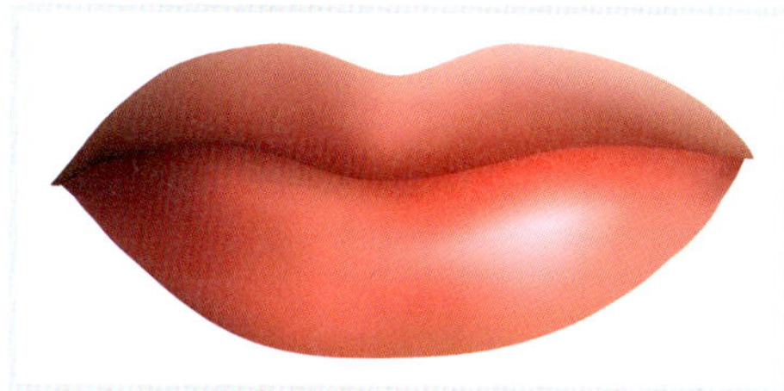

다소 우울해 보이는 면이 있고 책임감이 떨어지며 부정적인 사고를 지닌 입술이다. 게으르며 소극적인 성격으로 주위 사람들과의 관계가 원만하지 않다.

6. 좋은 입술

- 이의 특징

  이가 단단하고 단정해야 한다.
- 혀의 특징

  길이가 길고, 붉어야 좋다.
- 입술 색

  붉은 색이 가장 좋고, 푸른 빛이 많이 돌수록 불운이 있을 가능성이 많다.
- 입술의 모양

  미소를 띤 입술은 행운을 부른다.

실습지

I **세미퍼머넌트 메이크업전 주의사항**

　–눈썹 아이라인 세미퍼머넌트 메이크업 전후 주의사항

　–입술 세미퍼머넌트 메이크업 전후 주의사항

I **고객상담차트**

　–멤버십차트

　–세미퍼머넌트 메이크업 전 체크사항

I **그리기 연습**

　–눈썹 그리기 연습

　–입술 그리기 연습

　–아이라인 그리기 연습

※ 오려서 복사하면 여러번 활용할 수 있습니다.

세미퍼머넌트 메이크업 전 주의사항

Permanent Make-up 전 공통 주의사항

1. 당일 일반 메이크업은 하지 않는다.

2. 당일 색소가 짙게 남기 때문에 메이크업 받은 부위가 많이 어색할 수 있다.

3. 아스피린, 오메가, 비타민 약은 7일 전부터 삼가야 한다.

4. 술, 담배는 1~2일 전부터 삼가야 한다.

5. 당일 컨디션도 중요하기 때문에 전날 무리한 운동 등 컨디션에 영향을 줄만한 일은 삼간다.

눈썹/아이라인 Semi-Permanent Make-up 전후 주의사항

1. 눈썹 메이크업 10일 전부터 눈썹 정리를 하지 않는다.

2. 아이라인의 경우 당일 인조 속눈썹을 제거하고, 렌즈 착용도 삼가야 한다.

3. 당일은 메이크업 부위가 어색할 수 있으나 시간이 지나면서 색소가 자리 잡고, 색이 조금
   짙어지는 것은 정상이다. 조금 더 지나면 각질이 탈락하며 40~60% 정도 색이 흐려진다.

4. 사우나, 수영장, 운동시설 등 습한 장소 및 땀 흘리는 행위는 7~10일간 삼가야 한다.

5. 피부가 붓고 붉어질 수 있으나 시간이 지나면서 좋아진다.

6. 세안은 다음날부터 가능하며 당일은 세안제를 이용하지 않고 미온수로만 세안한다.

7. 피부가 회복할 때까지 일반 메이크업을 삼가야 한다.

8. 술, 담배, 날것의 섭취는 7~10일간 삼가야 한다.

9. 피부의 보습을 유지해야 하고 처방 받은 연고를 꼭 바른다. 단, 후시딘 연고의 사용은 금
   한다.

10. 3~4일 후부터 피부의 각질이 탈락하며 간지러움을 유발한다. 이때 긁거나 인위로 탈락시
    키지 말고 자연 탈락하도록 둔다.

11. 아이라인의 경우 붓기를 가라앉히기 위해서 3일 정도 냉찜질을 한다.

12. 아이라인의 경우 콘텍트렌즈는 붓기가 충분히 가라앉은 후 착용한다.

13. 리터치는 4주 이후부터 가능하다.

1. 당일 일반 메이크업은 하지 않는다.

2. 당일 색소가 짙게 남기 때문에 메이크업 받은 부위가 많이 어색할 수 있다.

3. 아스피린, 오메가, 비타민 약은 7일 전부터 삼가야 한다.

4. 술, 담배는 1∼2일 전부터 삼가야 한다.

5. 당일 컨디션도 중요하기 때문에 전날 무리한 운동 등 컨디션에 영향을 줄만한 일은 삼간다.

입술 Semi-Permanent Make-up 전후 주의사항

1. 당일까지 입술의 보습을 유지해야 한다.

2. 헤르페스의 출현이 잦은 경우 미리 약을 처방 받아 복용하고, 메이크업 후에도 며칠 더 복용한다.

3. 붓기를 가라앉히기 위해서 3일 정도 냉찜질을 한다.

4. 7∼10일간 입술에 자극적인 음식이나 술, 담배 등은 피한다. 만약 먹었다면 입술을 문질러 닦아내지 말고, 물티슈로 가볍게 터치하듯 닦아낸다.

5. 3∼4주 정도 입술 전용 립밤 및 재생연고를 수시로 바른다.

6. 치아미백은 2개월 후부터 가능하다.

7. 술, 담배를 7∼10일간 삼가야 한다.

8. 3∼4일 후부터 피부의 각질이 탈락하며 간지러움을 유발한다. 이때 긁거나 인위로 탈락시키지 말고, 자연 탈락하도록 둔다.

9. 당일에 메이크업한 색소는 시간이 지나면서 각질이 탈락함에 따라 40∼60% 정도 흐려진다.

10. 사우나, 수영장, 운동시설 등 습한 장소 및 땀 흘리는 행위는 7∼10일간 삼가야 한다.

11. 피부의 보습을 유지해야 하고, 처방 받은 연고를 꼭 바른다. 단, 후시딘 연고의 사용은 금한다.

고객 상담 차트

고객 상담 차트

NO.

이　　름

적용부위

색　　소

카트리지

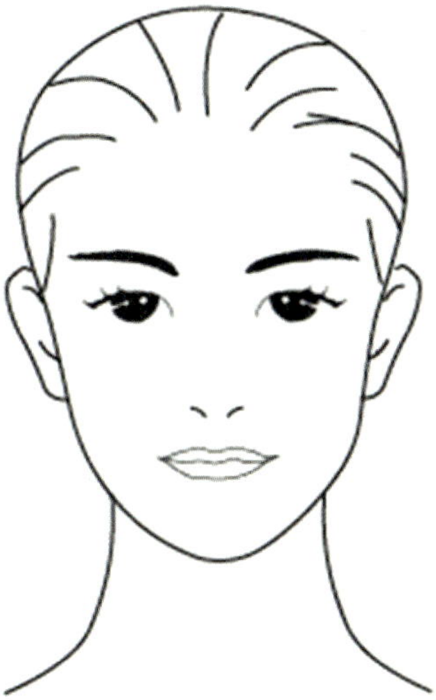

<table>
<tr><td colspan="2" align="center">고객 상담 차트</td></tr>
</table>

NO.

이　　름

적용부위

색　　소

카트리지

Membership Chart

Membership Chart No.

이름 Name   (남 / 여)

주소 Address

생일 D.O.B

전화 Tel

핸드폰 M.P

이메일 E-mail

1. 세미퍼머넌트 메이크업을 원하는 부위에 체크해주세요.

눈썹 _______ 립라인 _______ 미인점 _______ 기타 _______
아이라인 _______ 입술전체 _______ 헤어라인 _______

2. 세미퍼머넌트 메이크업을 받았던 부위가 있다면 체크해주세요.

눈썹 _______ 립라인 _______ 미인점 _______ 기타 _______
아이라인 _______ 입술전체 _______ 헤어라인 _______

3.기타 요구사항을 적어주세요.

*시술 전, 후 주의사항은 모두 꼼꼼히 읽어보셨나요?

(YES / NO)

*주의사항 불이행 시 본 _________ 은 본인의 불이익에 대해 어떠한 책임도 지지않습니다.

(YES / NO)

위 모든 사항이 사실임을 확인하는 바입니다.

20   년   월   일   이름 :   (인)

Membership Chart

<table>
<tr><td align="center">Membership Chart No.</td></tr>
</table>

이름 Name   (남 / 여)

주소 Address

생일 D.O.B

전화 Tel

핸드폰 M.P

이메일 E-mail

1. 세미퍼머넌트 메이크업을 원하는 부위에 체크해주세요.

| 눈썹 | ______ | 립라인 | ______ | 미인점 | ______ | 기타 | ______ |
| 아이라인 | ______ | 입술전체 | ______ | 헤어라인 | ______ | | |

2. 세미퍼머넌트 메이크업을 받았던 부위가 있다면 체크해주세요.

| 눈썹 | ______ | 립라인 | ______ | 미인점 | ______ | 기타 | ______ |
| 아이라인 | ______ | 입술전체 | ______ | 헤어라인 | ______ | | |

3.기타 요구사항을 적어주세요.

*시술 전, 후 주의사항은 모두 꼼꼼히 읽어보셨나요?

(YES / NO)

*주의사항 불이행 시 본 __________ 은 본인의 불이익에 대해 어떠한 책임도 지지않습니다.

(YES / NO)

위 모든 사항이 사실임을 확인하는 바입니다.

20 년 월 일 이름: (인)

Semi-Permanent Make-up 전 체크사항

Semi-Permanent Make-up전 체크사항

*꼼꼼히 읽어 보시고 본인에게 해당되는 부분이 있다면 반드시 체크해 주시기 바랍니다. 일부 질환은 세미퍼머넌트 메이크업 전 의사의 진단이 필요할 수 있으며 세미퍼머넌트 메이크업이 불가능 할 수도 있습니다.

알코올 중독 치료제를 복용 중	알레르기
여드름 치료제를 복용 중	생리 중
심장병	수유 중
고혈압	임신 중
당뇨병	정신질환 유무
혈액질환(혈우병, 백혈병)	켈로이드 체질
피부암	아토피 피부
헤르페스	안구건조증

본인에게 해당되는 사항 중 일부 병명을 자세하게 서술해 주시기 바랍니다.

위의 내용은 모두 사실임을 확인하는 바입니다.

20 년 월 일   이름 :

Semi-Permanent Make-up 전 체크사항

Semi-Permanent Make-up전 체크사항

*꼼꼼히 읽어 보시고 본인에게 해당되는 부분이 있다면 반드시 체크해 주시기 바랍니다. 일부 질환은 세미퍼머넌트 메이크업 전 의사의 진단이 필요할 수 있으며 세미퍼머넌트 메이크업이 불가능 할 수도 있습니다.

알코올 중독 치료제를 복용 중	알레르기
여드름 치료제를 복용 중	생리 중
심장병	수유 중
고혈압	임신 중
당뇨병	정신질환 유무
혈액질환(혈우병, 백혈병)	켈로이드 체질
피부암	아토피 피부
헤르페스	안구건조증

본인에게 해당되는 사항 중 일부 병명을 자세하게 서술해 주시기 바랍니다.

위의 내용은 모두 사실임을 확인하는 바입니다.

20 년 월 일 　 이름 :

그리기 연습

눈썹그리기 연습

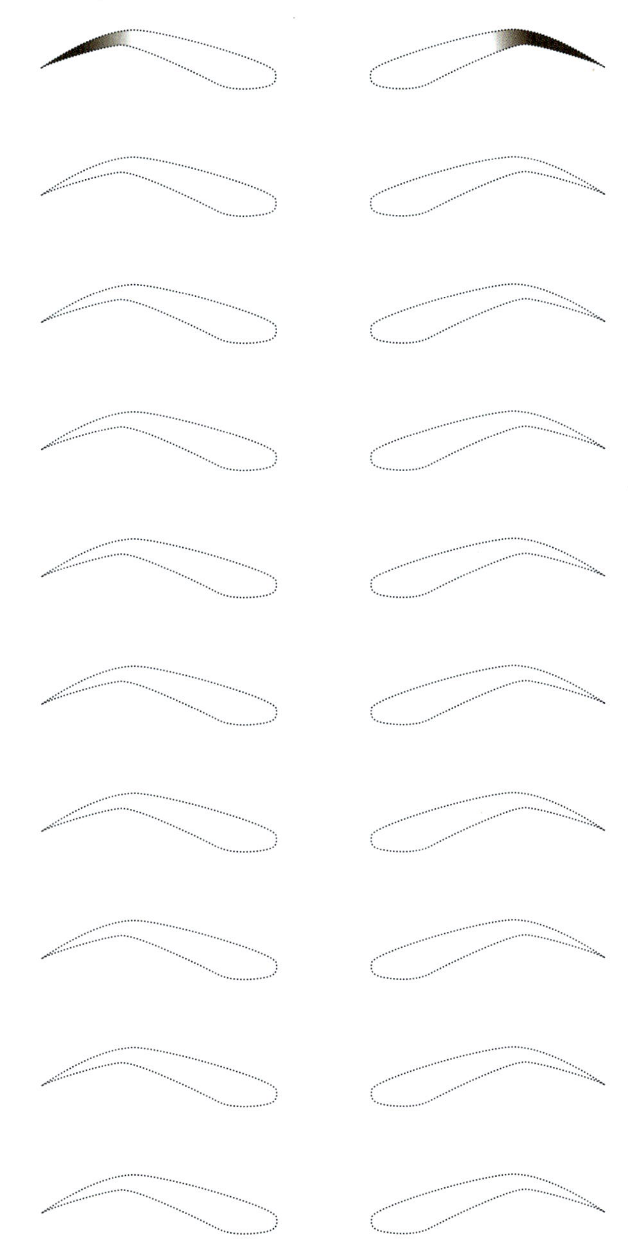

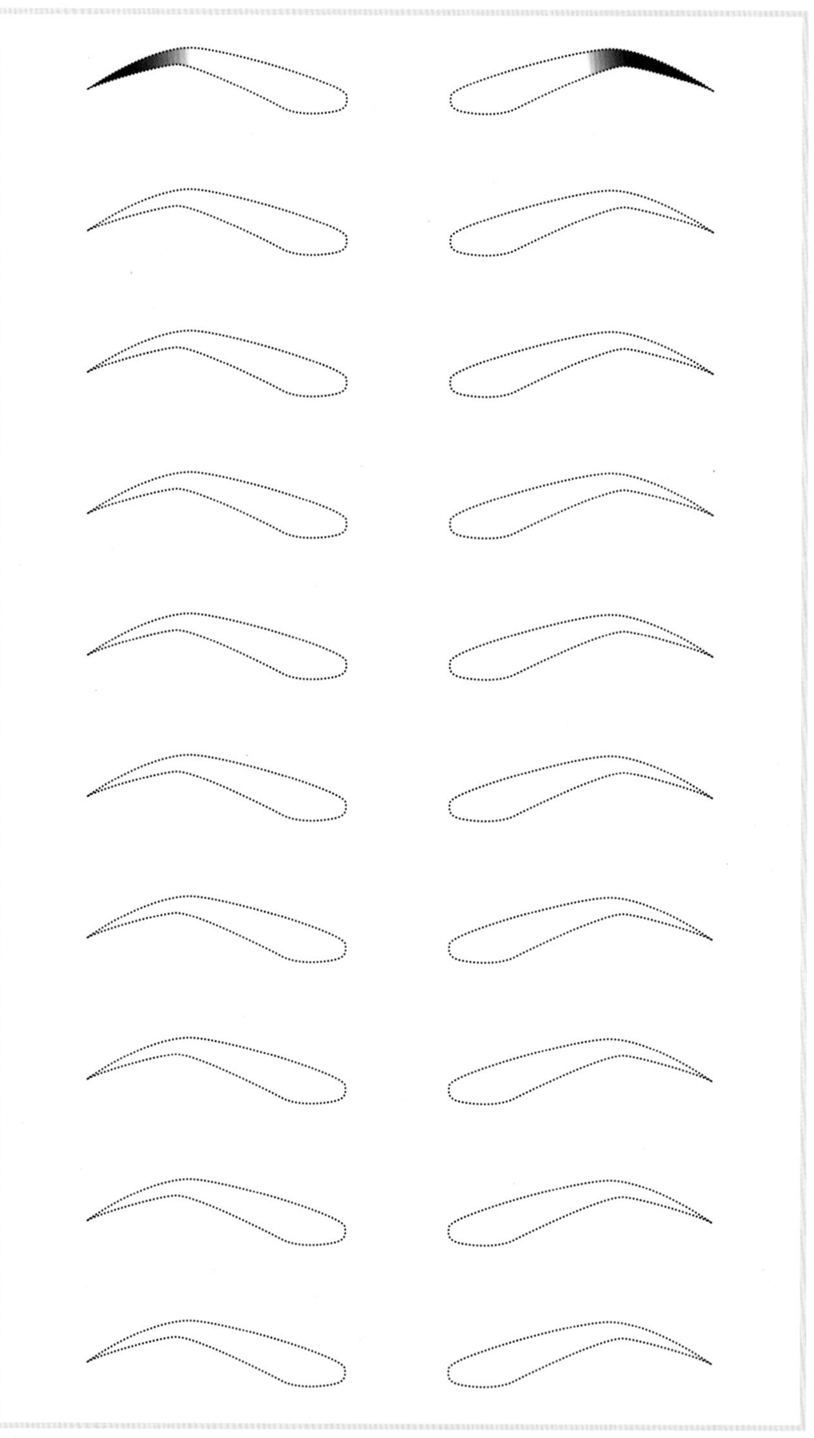

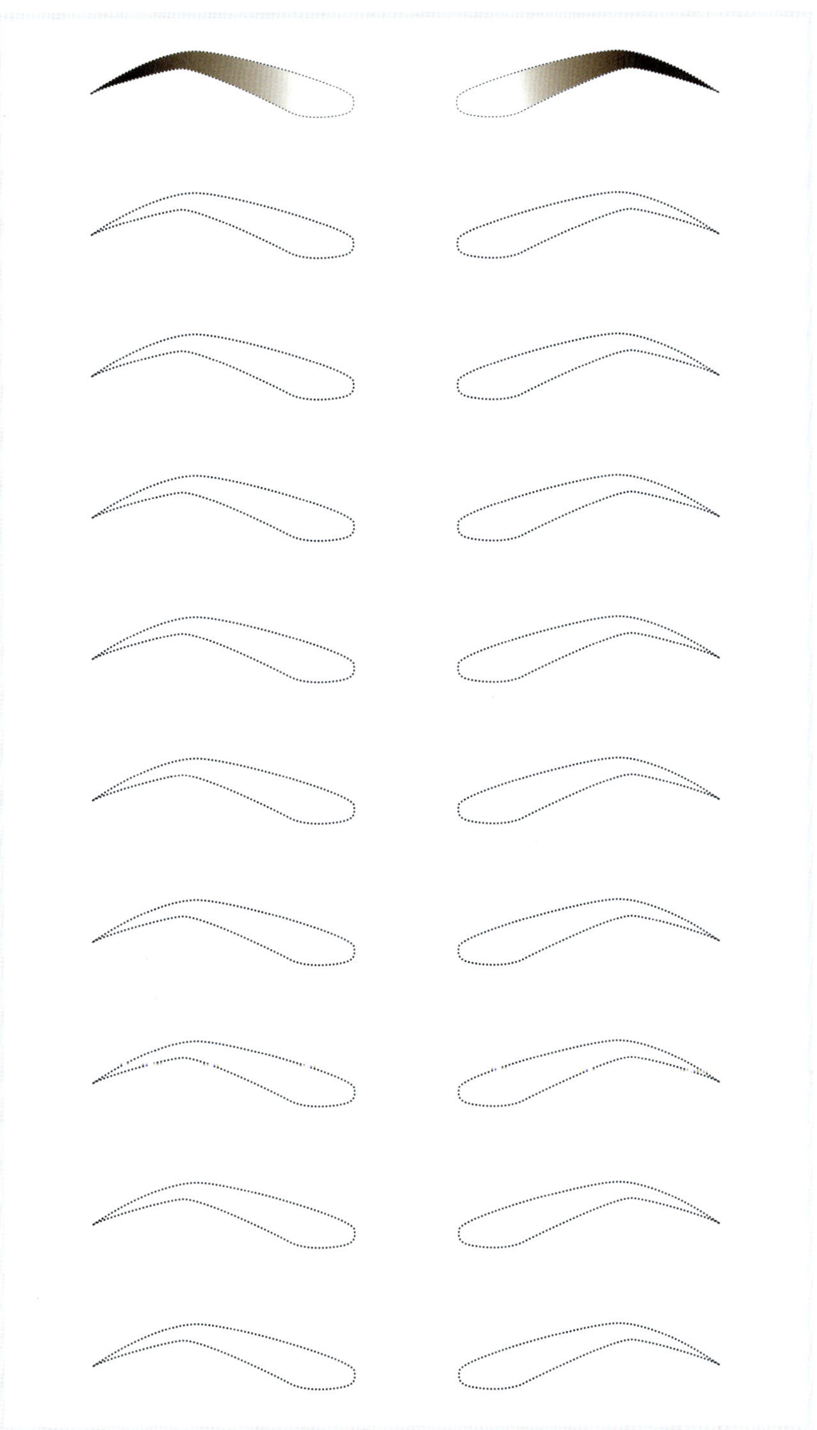

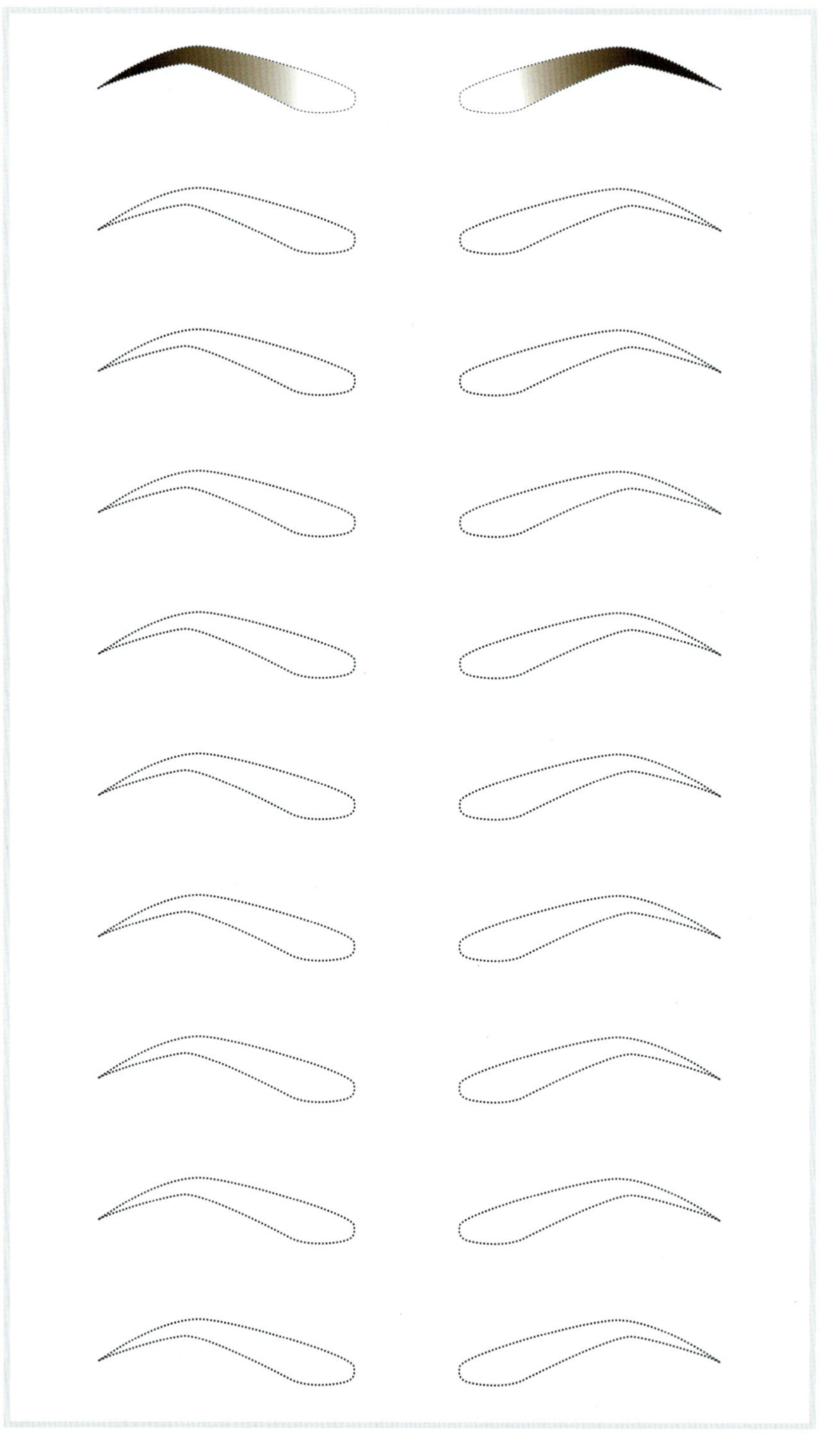

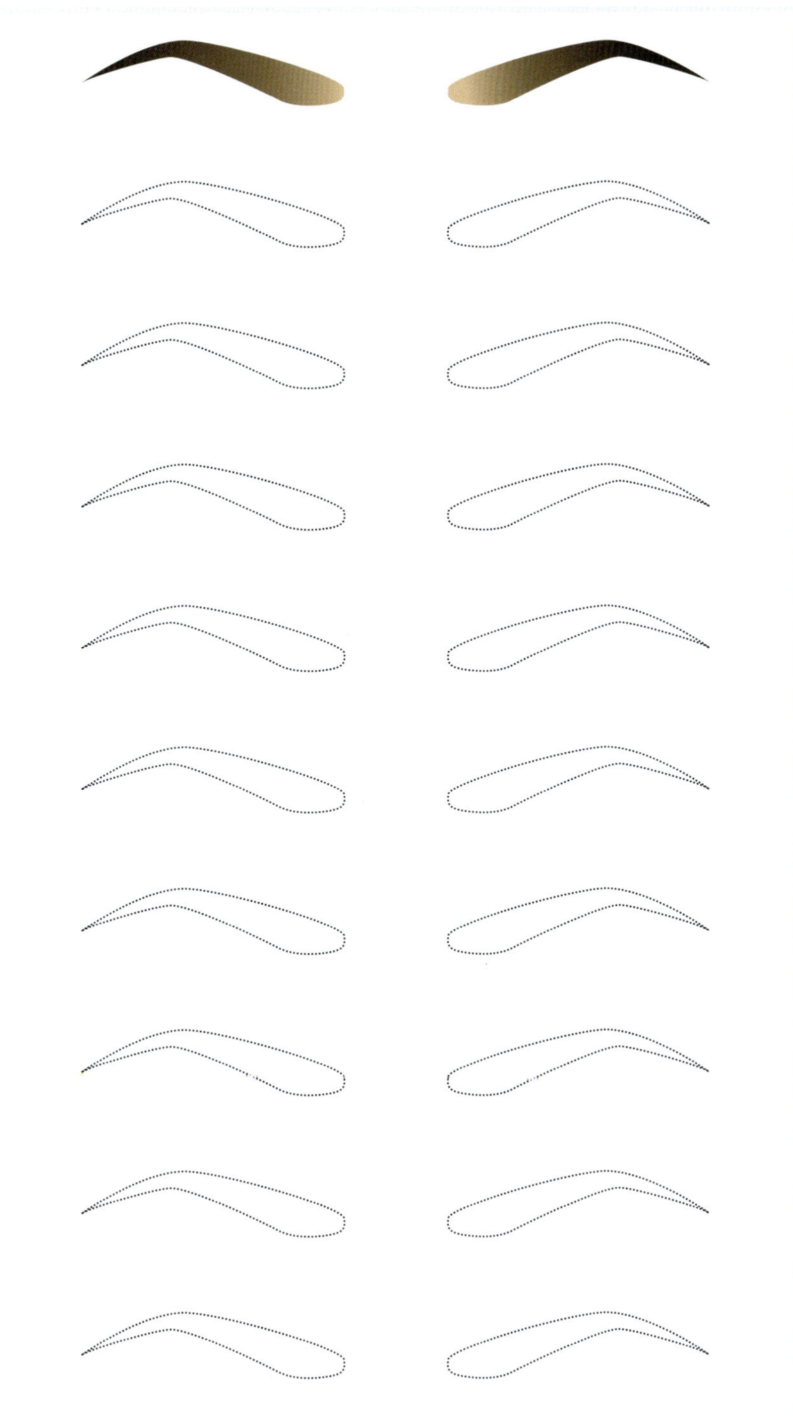

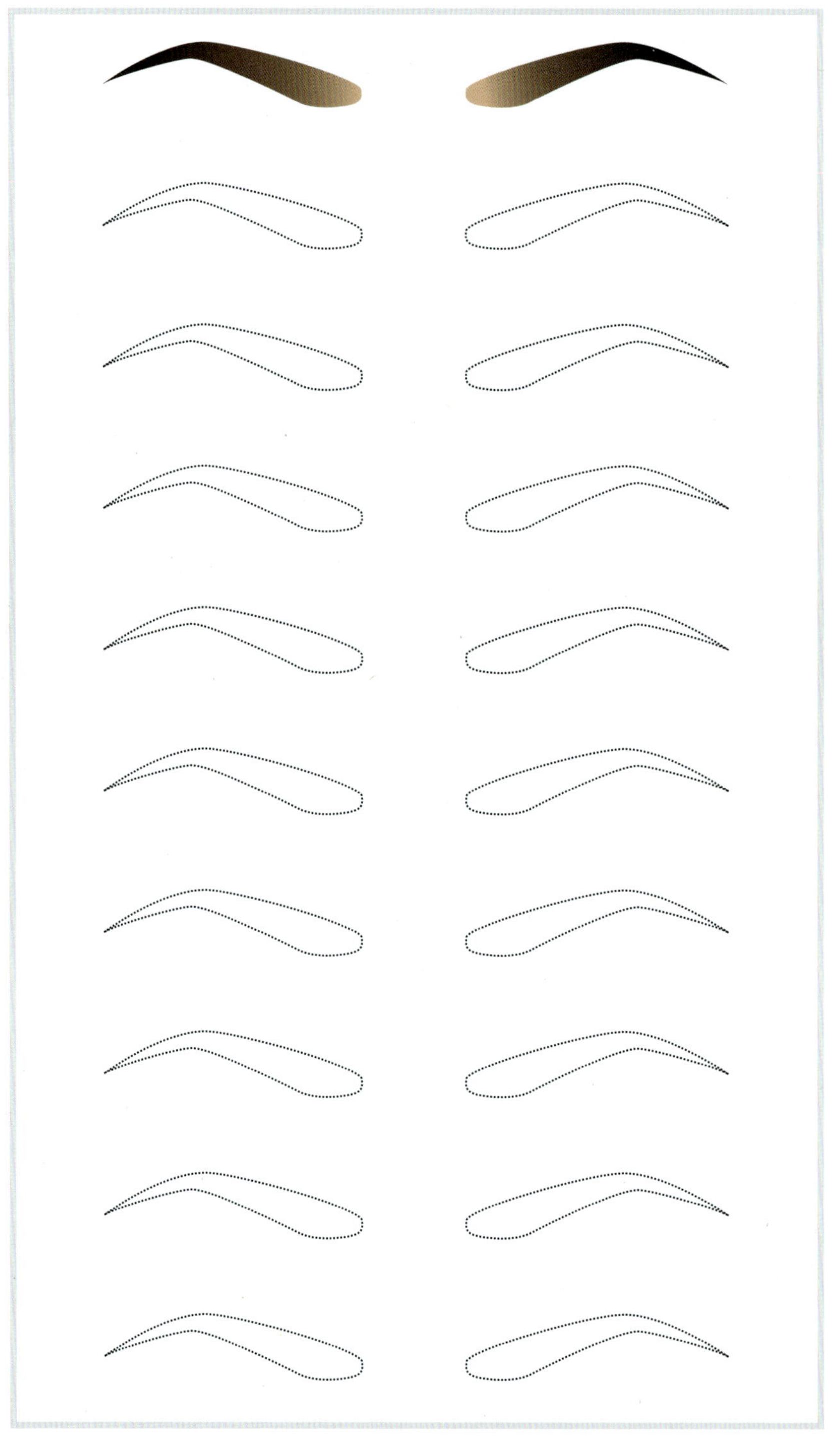

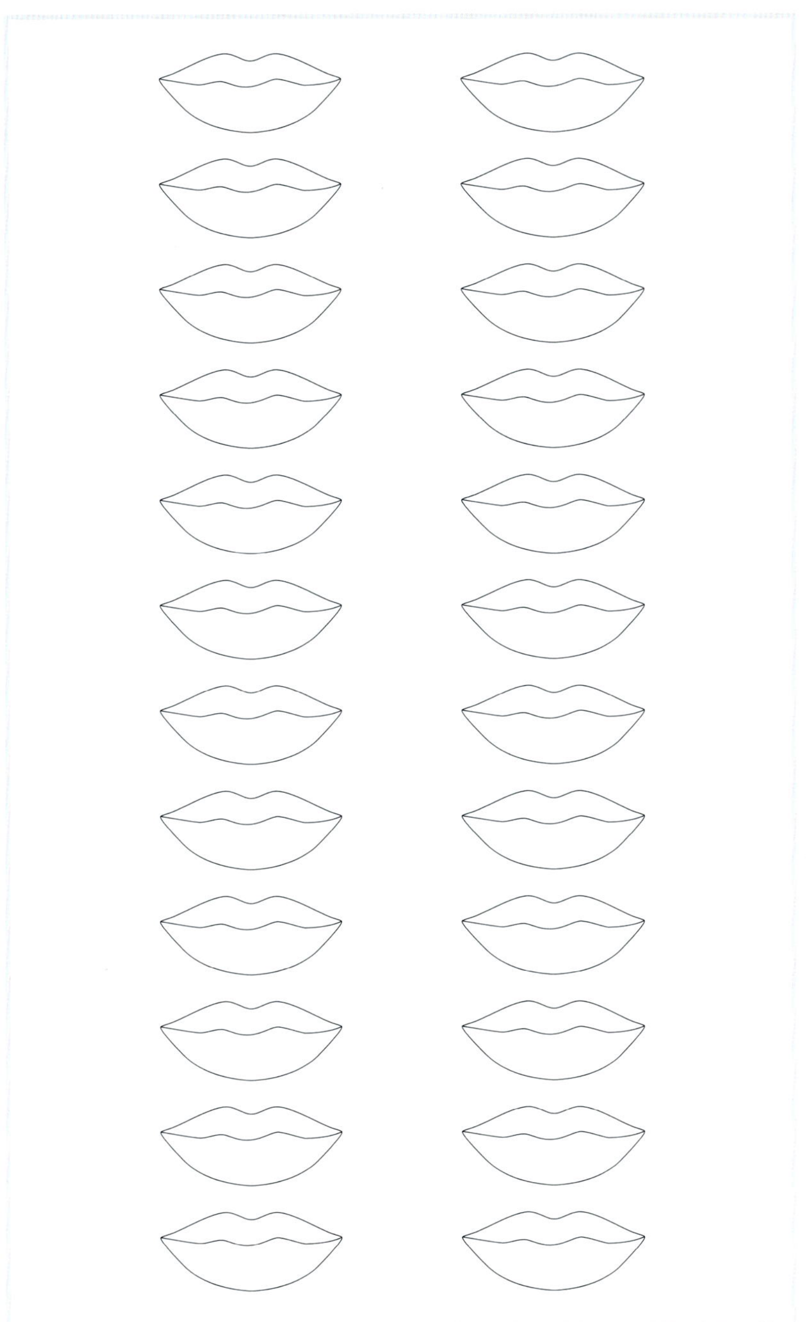

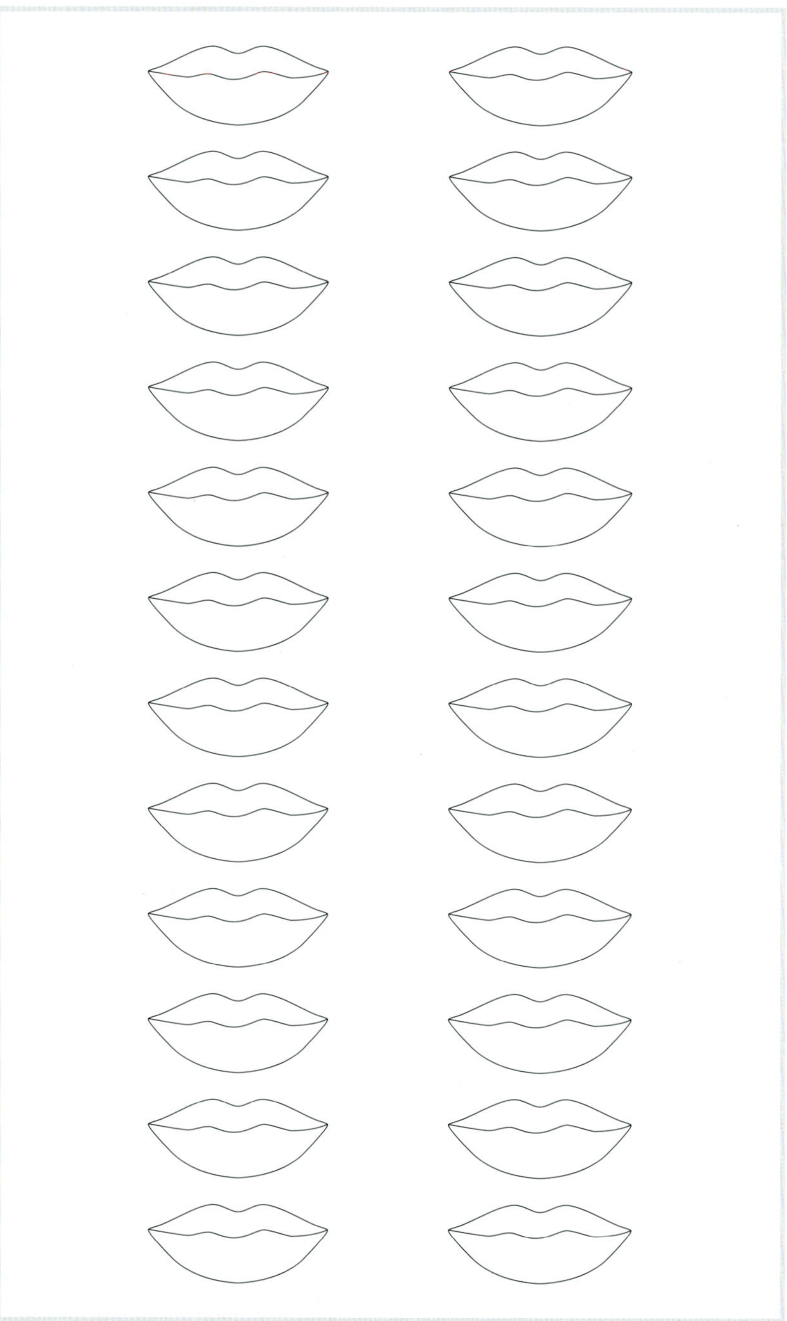

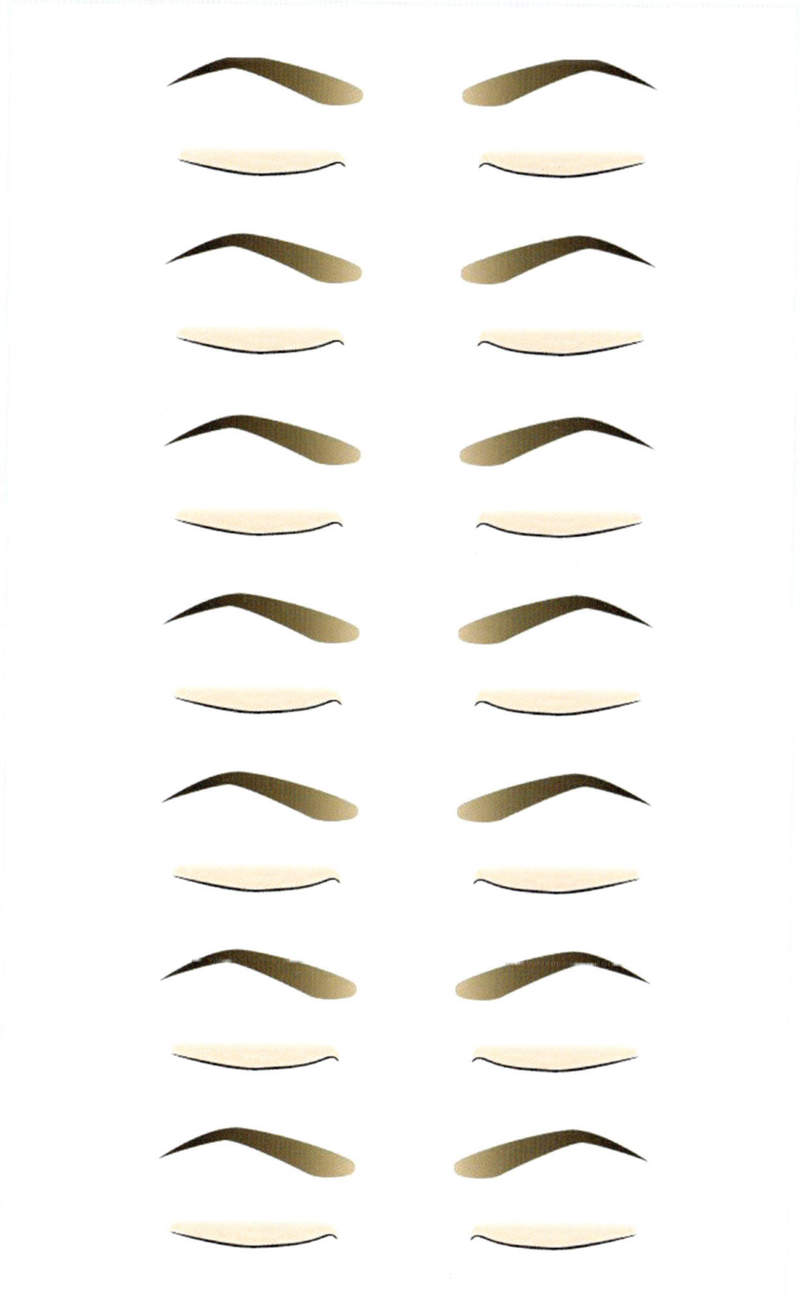

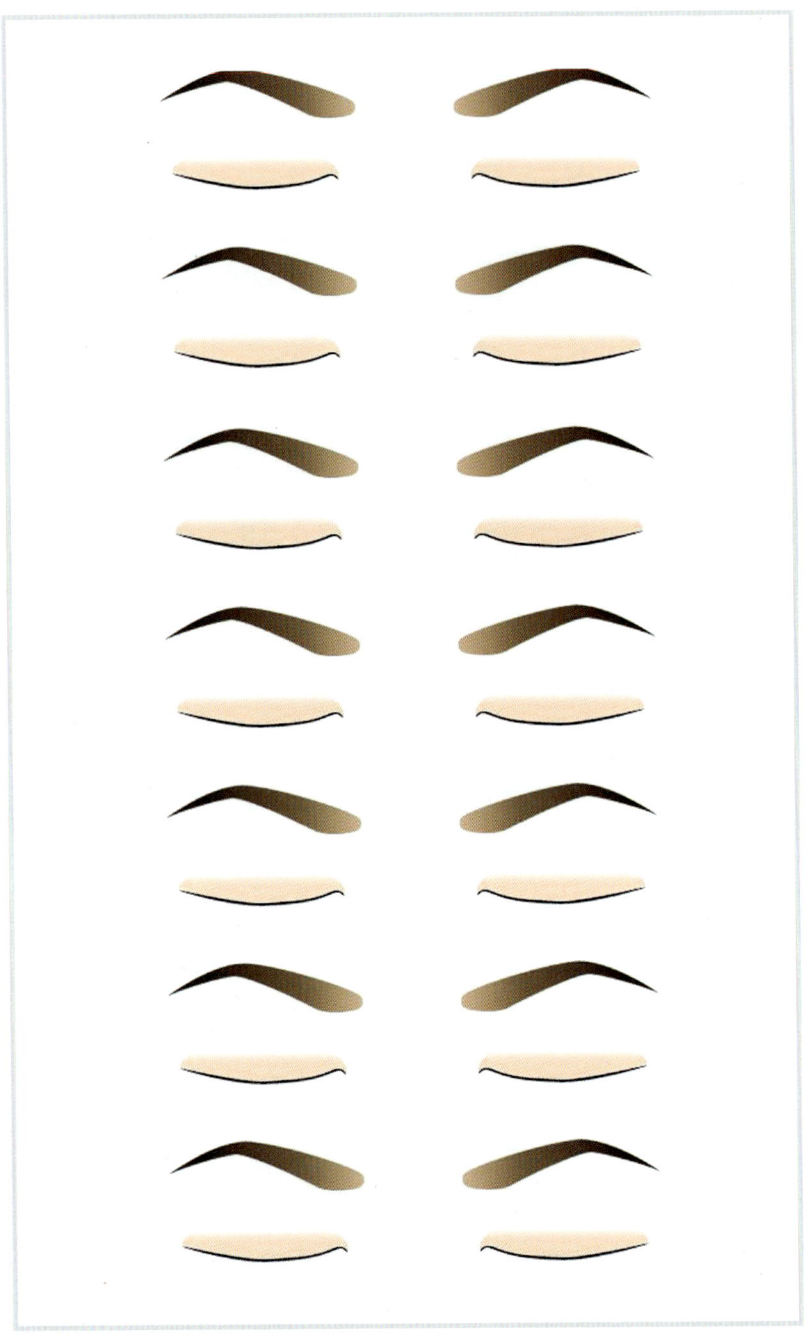

속눈썹연장

준비물

눈꼬리가 올라간 눈
작은 눈
속눈썹 붙이기 연습
지방 없는 눈

속눈썹연장

Lesson 1 속눈썹연장의 이해

여성이라면 한 번쯤은 인형 같은 눈썹을 갖고 싶어 한다. 눈썹과 속눈썹은 얼굴의 인상을 좌우하기 때문에 중요하다. 길고 풍성한 속눈썹은 눈을 아름다워 보이게 할 뿐만 아니라 여성의 자신감까지 이끌어내는 역할을 한다.

하지만 속눈썹 관리는 시간과 비용이 만만치 않을 뿐 아니라 본래의 눈썹의 상태에 따라 만족하지 못하거나 관리가 어렵다. 또한 이식 수술을 하는 경우도 있으나 마음에 들지 않는 경우에는 많은 상처를 받을 수 있다.

속눈썹은 메이크업의 마무리라고도 볼 수 있기 때문에 속눈썹 연장은 속눈썹을 자연스럽고 길고 풍성하게 하고자 하는 여성들에게 만족스러운 결과를 준다.

속눈썹 연장술은 이처럼 여성들이 편리하게 아름다운 속눈썹을 관리 받을 수 있는 시술이자, 고수익을 창출하는 직업 중 하나로 자리잡고 있다.

Lesson 2 · 속눈썹 시술의 장단점

연장술

장점	단점
• 자연스럽다.	• 지속적인 관리가 필요하다.
• 길이 조절이 가능하다.	• 리터치를 일정기간에 관리 받아야 한다.
• 예쁜 눈매를 연출할 수 있다.	

증모술

장점	단점
• 풍성한 눈매를 연출할 수 있다.	• 시술 시간이 오래 걸린다.

속눈썹 이식

장점	단점
• 1회 시술로 유지가 가능하다.	• 일정 기간마다 길이를 컷팅해야 하므로 끝이 굵다.
	• 통증과 붓기가 있다.
	• 속눈썹 방향이 불규칙하다.

1회용 눈썹

장점	단점
• 비용 부담이 적다.	• 1회성이다.
• 모양을 수시로 바꿀 수 있다.	• 표시가 나고 부자연스럽다.
• 쉽게 구입할 수 있다.	• 쉽게 떨어진다.

Lesson 3 속눈썹의 기능 및 성상

속눈썹의 역할

1. 보호작용 : 땀이 눈으로 들어가지 않게 한다.

2. 지각작용 : 촉각, 통각(상해 또는 염증이 있을 때 그 자극에 의해 생기는 감각) 전달

3. 장식적인 의미

모의 구조

털은 크게 모낭, 모유두, 부속기관 등으로 이루어져 있다.

피부 밖의 털은 모간, 피부 속의 털은 모근으로 분류한다.

1. **피지선** : 피부 표면과 머리에 기름을 제공하여 건조하지 않고 부드럽게 해주며, 모공과 연결되어 체외로 배출된다.

2. **모낭** : 털의 굵기를 결정하고 모근의 발육을 도와준다.

3. **모유두** : 모의 생성과 발육에 중요한 역할을 한다.

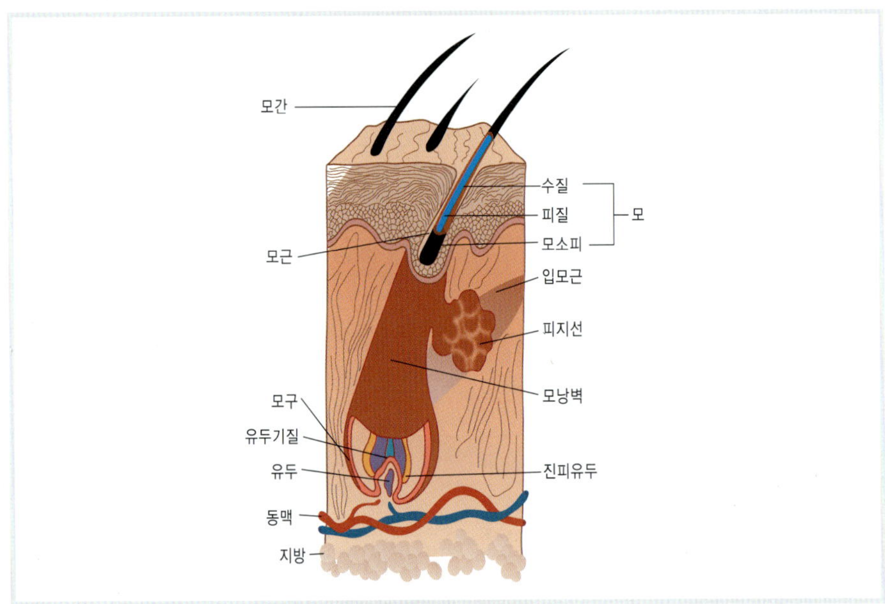

모의 주기(3단계)

1. 성장기 : 4~8주 정도에 걸쳐 이루어지며, 위로 올라갈수록 가늘어진다.

2. 퇴행기 : 모포의 수축으로 세포 분열이 정지되어 성장이 멈추고 휴면 상태로 접어든다.

3. 휴지기 : 활동을 완전히 멈추고 탈모를 준비한다.

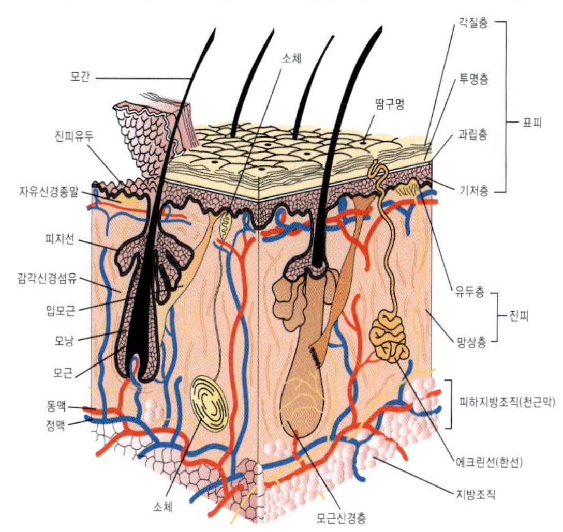

속눈썹 모의 성장

- 하루에 약 0.18mm, 한 달에 약 5.4mm 정도 자란다.
- 성장 최고 길이는 10~12mm 정도이다.
- 100~150일 정도에 성장기, 퇴행기, 휴지기를 거쳐 자라고 빠진다.

속눈썹 모의 특징

- 새치가 없다.
- 성호르몬의 영향을 받지 않는다.

 # 눈썹 관련 질병

질병 예방법

- 눈의 건강 상태에 대한 지식은 물론 고객의 상태를 파악할 줄 알아야 한다.
- 위생관리를 철저하게 한다.
- 출처가 분명한 재료를 사용해야 한다.

속눈썹 관련 질병

1. 안검내반

- 눈꺼풀이 안쪽으로 말려 들어간 눈
- 속눈썹이 잘못 나서 눈을 찌를 수도 있다.

2. 안검하수(눈꺼풀 처짐)

- 윗 눈꺼풀이 약해서 아래로 처지고 틈새가 작아진 상태를 말한다.

3. 각막염

- 각막이 손상되고 부종이 생겨 여러 염증 세포들이 모이면서 염증 반응을 유발하는 상태를 말한다.

4. 안검외반

- 눈꺼풀이 밖으로 벌어져서 까만 눈동자가 많이 보이는 질환이다.

5. 토안(눈이 완전히 안 감긴다)

- 윗 눈꺼풀이 안 감기는 경우는 외상이나 신경과 수술 후 혹은 안면신경마비가 있을 때 생길 수 있다.

6. 첩모 난생

- 속눈썹 자체가 안쪽 방향으로 자라서 눈을 자극하는 경우를 말한다.

Lesson 5 위생 및 소독

세균

육안으로 식별되지 않고 단세포로 된 미생물을 말한다.

1. 구균(Cocci)

- 포도상구균 : 종양이나 종기에서 발견되며 군집 형태를 이루고 있다.
- 연쇄상구균 : 곡선 형태로 자라며 혈독증을 유발하여 열, 두통, 피로감 등의 증세가 나타난다.
- 쌍구균 : 두 개씩 쌍으로 구성되어 있으며 폐렴을 유발한다.

2. 나선균(Spirilla) : 나선형 모양으로 콜레라, 매독의 원인이다.

3. 간균(Bacilli) : 짧은 막대 모양으로 결핵, 파상풍의 원인이다.

4. 패러사이트(Parasite) : 기생충으로 생명체에 붙어 기생하는 병균이다.

기생충 및 바이러스

- 이는 동물성 기생의 예이며, 이 기생균이라 한다.
- 식물성 기생의 예는 곰팡이의 일종인 티니아를 들 수 있다.

1. 바이러스 : 구순, 홍역, 유행성 독감, 감기, 유행성 이하선염, 대상포진, 수두, 우두 등이 있다.

2. 박테리아 : 매 20분마다 또는 하루에 72배 정도로 증식한다.

3. 포자 : 외부층이 딱딱한 포자 상태로 변하여 번식하기 어려운 환경에 적응한다.

4. 전염성과 비전염성 : 감염된 사람으로부터 다른 사람에게 전염될 수 있는 질병을 뜻한다. 감기, 독감, 구순 등이 이에 속한다.

면역

1. 선천성 면역 : 백혈구가 혈액 내의 독소 및 박테리아에 대항하여 항체를 형성하는 작용을 말한다.

2. 후천성 면역 : 질병에 감염된 경험을 통해 그 질병에 대한 면역체계를 갖추게 되는 것을 말한다.

1. 물리적 방법

- 건열 : 300~320℃의 고온에 지속적으로 노출시켜 박테리아를 제거하는 것이다.
- 습열 : 끓는 물에 소독해야 할 물품을 20분 정도 담가 주는 것이다.
- 자외선 방사 : 이미 소독된 기구들을 자외선 소독기에 넣어두는 것을 말한다.

2. 화학적 방법

멸균제와 항균제를 이용하는 방법이다.

- 멸균제 : 박테리아의 제거를 막는다.
- 항균제 : 무해하거나 유해한 박테리아 모두를 무해한 상태로 만든다.

멸균과 항균

1. 멸균제

- 요오드팅크 : 가벼운 외상 소독을 위해 2% 용액이 주로 사용된다.
- 붕산 : 눈 소독을 위해 5% 용제가 사용된다.
- 과산화수소 : 3% 용액은 경미한 자상이나 찰과상에 사용한다.
- 클로라젠 : 경미한 감염 부위나 손 소독 시 사용한다.
- 포르말린 : 포르말린 용액과 물을 1 : 7의 비율로 희석하여 기구를 소독할 때 사용한다.
- 알코올 : 피부나 손 소독에 사용한다.
- 머큐롬크롬 : 경미한 자상, 찰과상 소독에 사용한다.

2. 항균제

- 포름알데히드 : 메틸알콜(메탄올)을 산화시켜 만든 가스체로서 자극성과 냄새가 강하고 물에 잘 용해된다.
- 암모니아 : 무취, 무미하여 착색되지 않는 특성을 가진다.
- 염화나트륨 : 일반적으로 5.25%의 농도를 가진 용액이 구하기 쉽다.
- 크레졸(라이졸) : 샴푸하는 싱크와 바닥, 화장실 등의 소독으로 사용된다.
- 페놀(석탄산) : 샴푸하는 싱크와 바닥, 화장실 등의 소독에 효과적이며, 일반적으로 항균 효과가 높다.

Lesson 6 속눈썹 연장 재료

기구

1. **작업용 베드** : 시술 받는 사람이 편안하게 시술받을 수 있는 깨끗한 침구를 말한다.
2. **의자** : 시술 의자는 유동식 의자가 편리하다.
3. **램프** : 400W 이상이나 이하일 경우 눈의 피로가 쉽게 올 수 있다.
4. **습식 소독기** : 도구의 소독을 위해 사용한다.
5. **자외선 소독기** : 사용하기 전 핀셋과 브러쉬, 미용가위를 넣어둔다.
6. **재료 정리대** : 작업에 사용되는 재료를 정리할 수 있게 준비한다.

용품

1. 뷰러 또는 눈썹 전용 고데기
2. **송풍기** : 글루를 좀 더 빠르게 건조시키는 데 사용한다.

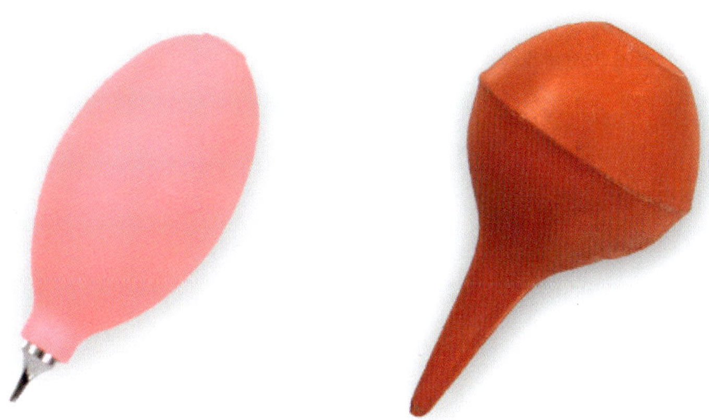

3. **안티셉틱** : 시술 전 고객과 시술자의 손을 소독하는 데 사용한다.

4. **가모** : 눈썹 연장용 가짜 속눈썹을 말한다.

- 길이 : 5mm, 6mm, 7mm, 8mm, 9mm, 10mm, 11mm, 12mm, 13mm, 14mm, 15mm, 16mm 등이 있다.
- 굵기 : 0.07T, 0.10T, 0.12T, 0.15T, 0.18T, 0.20T, 0.25T 등이 있다.

5. **미용가위** : 눈썹이 지저분하거나 길이 정리 시 사용한다.

6. **글루**

- 속눈썹 원모에 가모를 붙이는 접착제이다.
- 실온에서 사용하고, 장시간 미사용 시에는 냉장보관 후 사용 2시간 전에 꺼내둔다.
- 사용 전 충분히 흔들어 사용한다.
- 소량씩 덜어 사용한다.
- 고온, 다습에 약하기 때문에 습기가 들어가지 않게 한다.

    ※ 반드시 인증된 제품을 사용한다.

7. 리무버

- 가모를 떼어내거나 글루를 닦아낼 때 사용한다.
- 마이크로 브러쉬나 면봉을 이용한다.
- 눈에 들어가지 않게 주의한다.
- 눈에 들어갔을 시에는 안약을 2∼3회 넣어주고 흐르는 물에 충분히 씻어낸다.

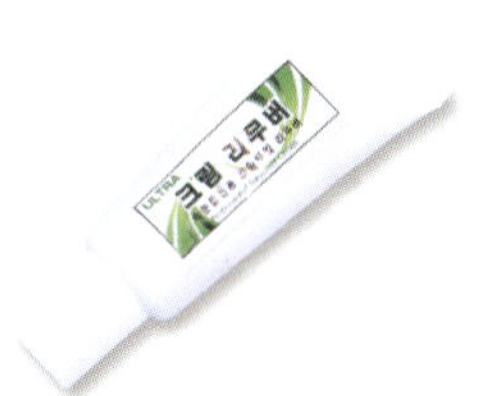

8. 트위져(핀셋)

- 가모를 잡기 위한 도구이다.
- 일자형, 45°형, X형이 있다.

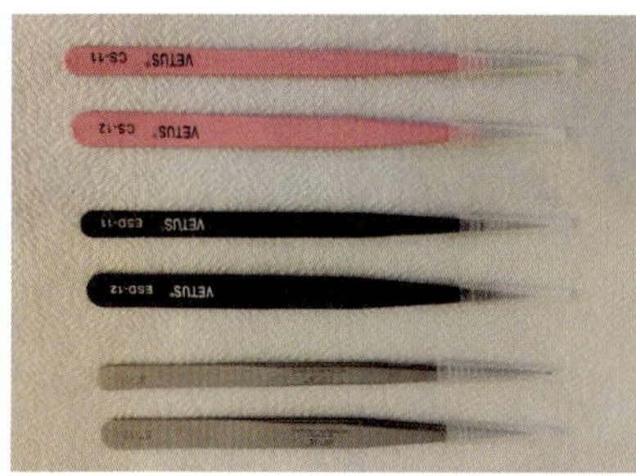
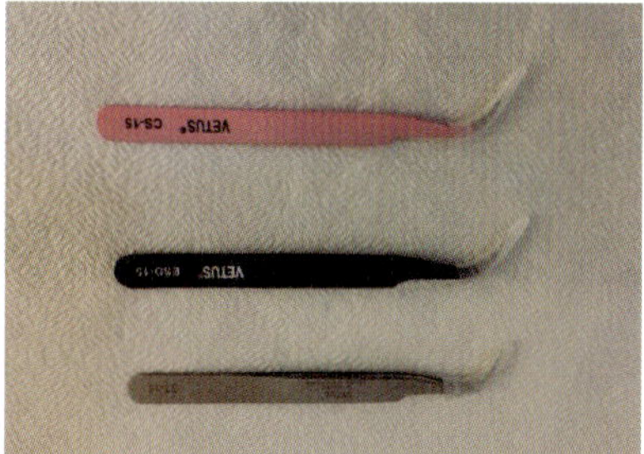

9. 팔레트

- 글루를 덜어쓰는 용기로 사용된다.
- 글루가 굳는 속도를 차가운 성질인 돌이 늦춰준다.

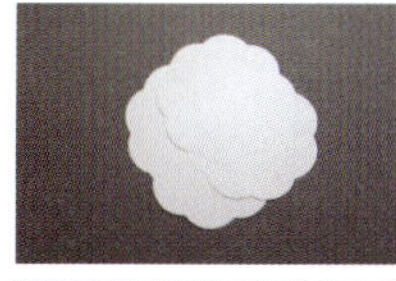

10. 시술용 테이프

- 아랫눈썹과 윗눈썹이 붙지 않게 사용한다.
- 핀셋이나 글루로부터 보호한다.

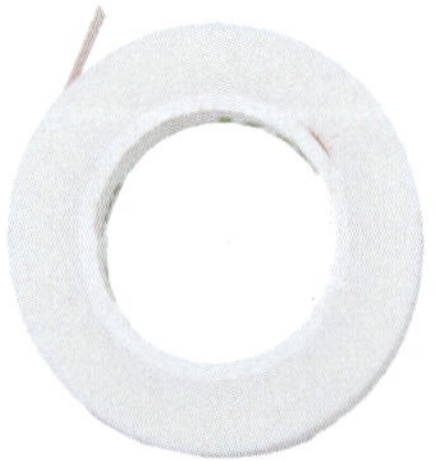  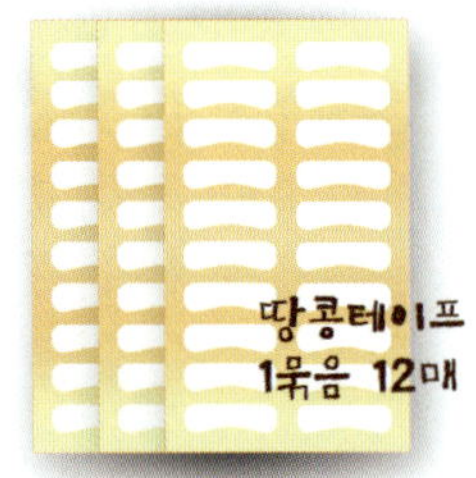

11. 마이크로 브러시(면봉) : 리무버나 단백질을 제거할 때 사용한다.

12. 눈썹 브러시 : 눈썹을 정리하거나 가모를 붙인 후 빗어줄 때 사용한다.

13. 연습용 눈썹 : 가모를 붙일 때 연습용으로 사용한다.

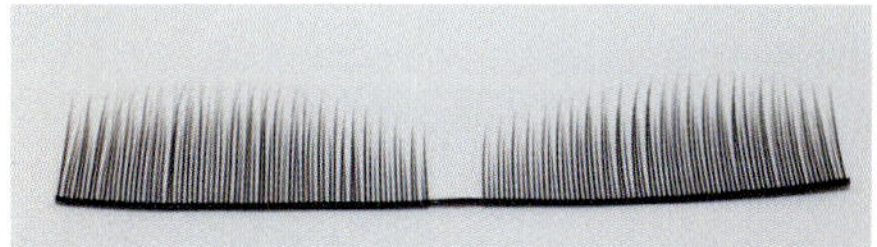 

14. 강화제/코팅제/영양제

15. 눈썹 연장 전용 마스카라 / 전처리제

속눈썹의 종류

속눈썹 컬의 종류

1. **자연모** : 속눈썹 연장 후 불편함을 느끼거나 연령대가 있는 고객에게 만족도가 높은 모로, 얇고 편안하여 본인의 속눈썹과 거의 비슷한 모를 말한다.

2. **천연모** : 인모나 100% 리얼 밍크로 시술하며 본인의 눈썹과 가장 흡사하지만 시술비가 비교적 고가이다.

3. **Y모** : 증모를 원하거나 특별한 볼륨감이 필요할 때 사용된다.

4. **실크모, 밍크모** : 일반적으로 가장 많이 사용되고 있는 제품이다.

5. **컬러 속눈썹** : 기존에는 블랙이나 다크브라운 계열의 가모가 주를 이루었으나 점점 풀 컬러나 투톤 컬러 가모로 100% 시술하거나 블랙모와 섞어서 맞춤 시술하는 경우가 늘고 있다.

6. **벌크** : 케이스에 정리가 되지 않은 채 뭉쳐서 담겨있다.

7. **더블모** : 두 가닥이 하나는 길고 하나는 짧게 되어 있다.

8. **보석모** : 가모에 스톤이 부착되어 포인트로 사용하기도 한다.

9. **혼합모** : 길이가 다른 여러 가지 모를 혼합하여 한 케이스에 구비한 제품이다.

10. **언더** : 아이라인 아래에 연장하여 더욱 또렷하고 예쁜 눈매를 연출한다. 언더래쉬에 시술하는 모로, 얇고 짧은 자연모 등으로 시술하면 자연스럽다.

11. **투톤모** : 2가지 색이 혼합되어 있다.

12. **L컬(뷰러컬), Y컬, W컬** : 기능성 속눈썹에 포함되며, 볼륨감과 풍성함을 원할 때 사용한다.

✎ 자연모

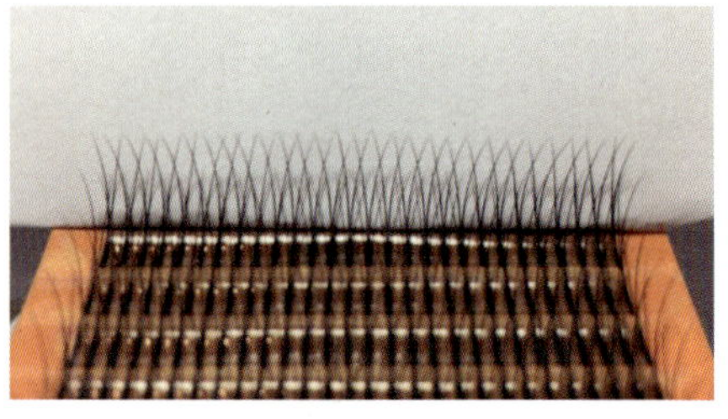

✎ Y래쉬

실크모

밍크모

컬러 속눈썹

벌크

보석모

투톤컬러

L컬(뷰러컬)

W컬

J컬

JC컬

C컬

CC컬

뷰러컬(L컬)

1. **J컬** : 끝만 자연스럽게 올라가므로 동양인의 눈썹에 적합하고 자연스러운 표현으로 가장 많이 사용되고 있다.

2. **JC컬** : J컬과 C컬의 중간 컬로 구성되어 있다.

3. **C컬** : 컬이 강하고 인형 같은 눈매를 연출할 수 있지만 원모와의 접착 부분이 약하므로 금방 떨어질 수 있다.

4. **CC컬** : C컬보다 더 깊은 C자형 컬이며 인위적으로 보일 수 있다.

5. **R컬** : 원모와 가모가 붙여지는 부분은 완만하며, 끝 부분은 컬이 어느 정도 올라간 느낌이 나는 컬이다.

6. **Y컬**
- 숱이 없는 눈썹을 풍성하게 보이는 장점이 있다.
- C컬, J컬 두 가지로 이루어져 있다.

7. **뷰러컬(L컬)** : CC컬의 느낌과 비슷하지만 유지 기간이 조금 더 길다고 볼 수 있다.

8. **언더** : 한 가닥 또는 2~3가닥으로 구성되어 있으며, 7mm 눈썹을 커팅하여 쓰기도 한다.

Lesson 8 속눈썹 붙이기 – 준비

시술전 준비사항

1. 시술하고자 하는 눈과 눈 주위의 메이크업을 지운다(렌즈도 뺀다).
2. 핸드폰을 무음이나 진동으로 설정한다.
3. 급한 일을 미리 끝낸다(화장실, 통화 등).

준비 세팅하기

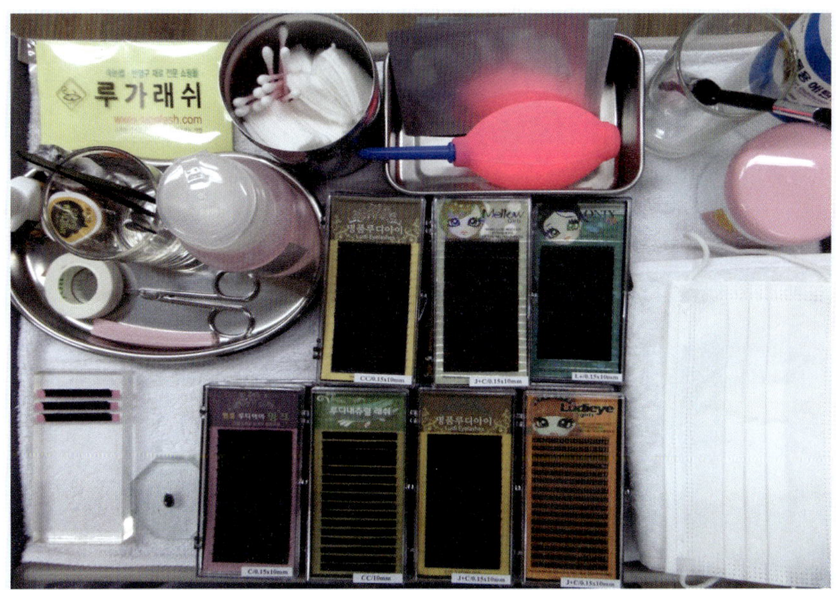

 속눈썹 붙이기 - STEP 1

속눈썹 붙이기 기초 연습

아이라인 선의 모양이 그려진 용지에 가모 10mm를 이용하여 붙이는 연습을 시작한다.

1. 글루는 충분히 흔든 후 소량씩 덜어 사용한다(글루를 처음부터 많이 덜어서 사용하면 쓰기도 전에 굳어진다).

2. 둥근선에서 최대한 가깝게 조금 띄어서 전체적으로 일정하게 붙인다.

3. 띄운 간격이 일정하지 않으면 아이라인 쪽이 구멍이 난 것처럼 보일 수도 있다.

4. 아이라인 피부나 점막 피부에 붙였을 때는 눈을 깜박거릴 때 따갑고 아픈 통증을 느낄 수 있다.

가모 붙이기 – 베이직

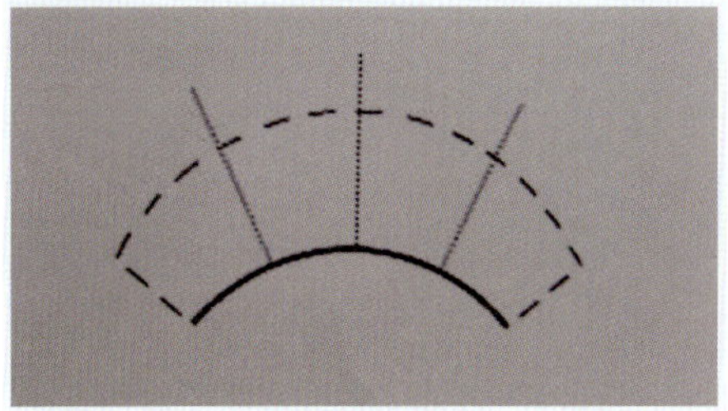

1. 준비

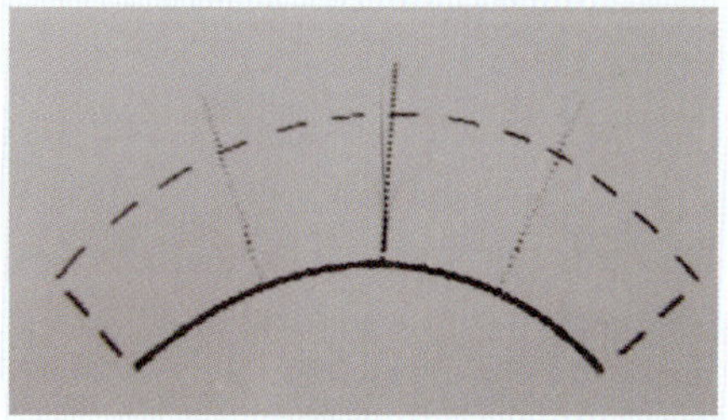

2. 기본 15T 10mm로 전체 기본형 연습을 한다.

• 중심에 가모를 붙인다.

• 아이라인 선에서 조금 띄워주며 붙이고 균일한 간격을 유지한다. 아이라인 선에 붙이게 되면 눈을 깜빡거릴 때 통증으로 인해 불편하다.

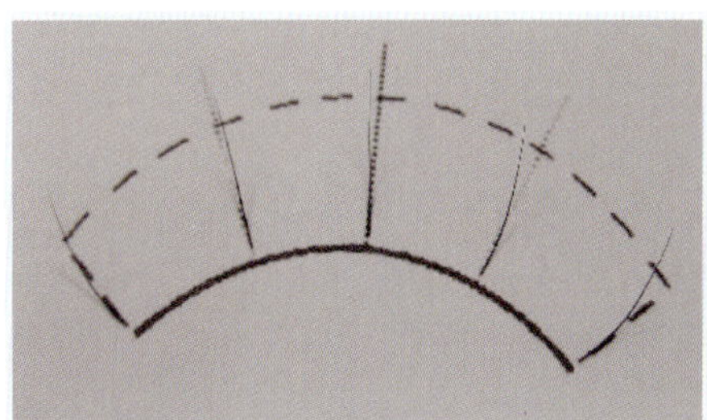

3. 가장자리에 가모를 붙인다.

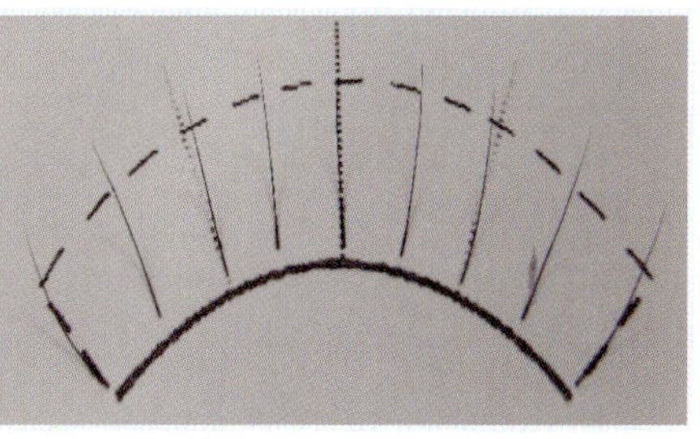

4. 중심과 가장자리 사이에 가모를 붙여 기본 뼈대를 만든다.

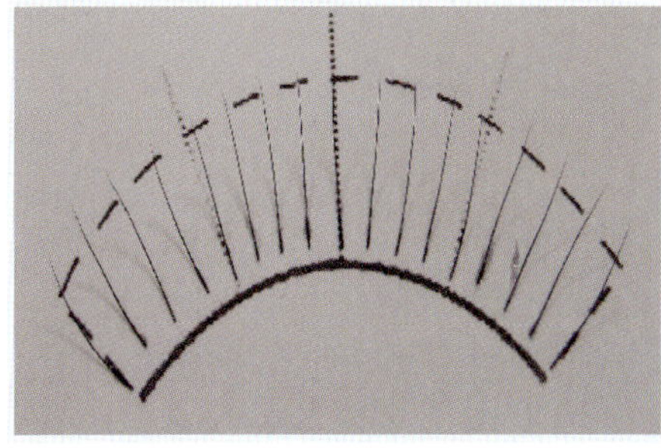

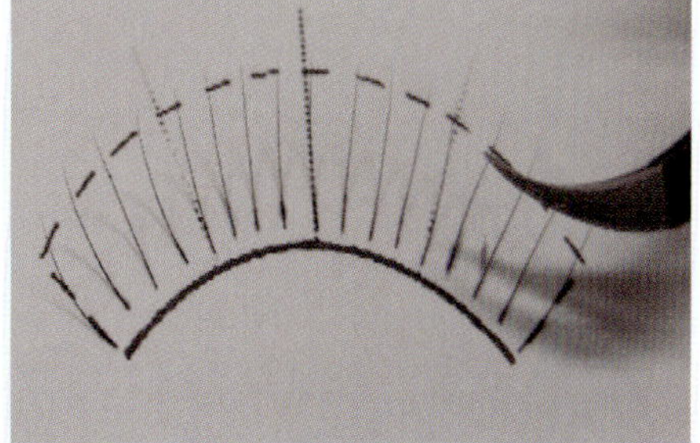

5. 가모와 가모 사이사이를 균일한 간격으로 붙인다.

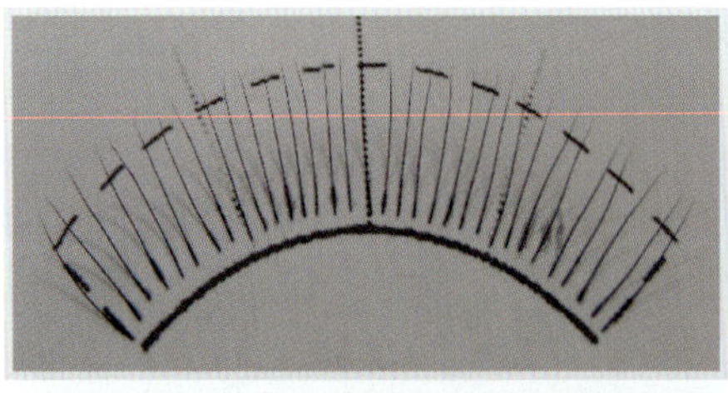 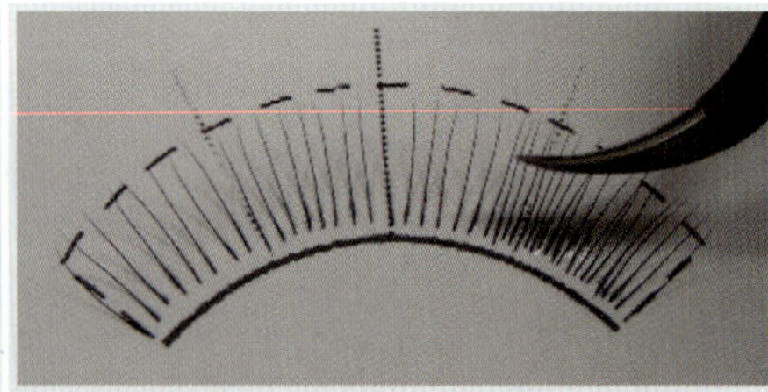

6. 가모와 가모 사이사이를 균일한 간격으로
촘촘히 붙이되 달라붙지 않게 작업한다.

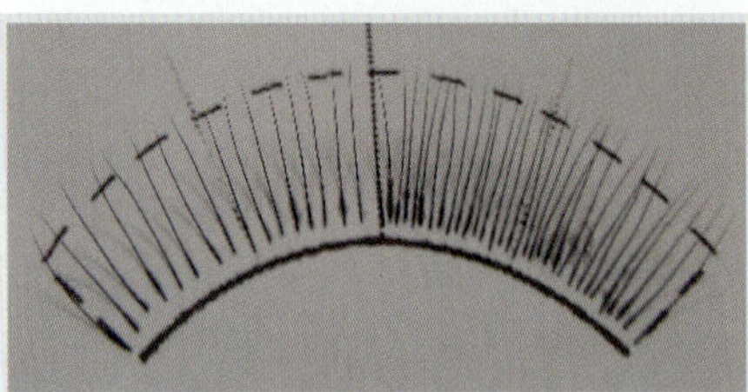

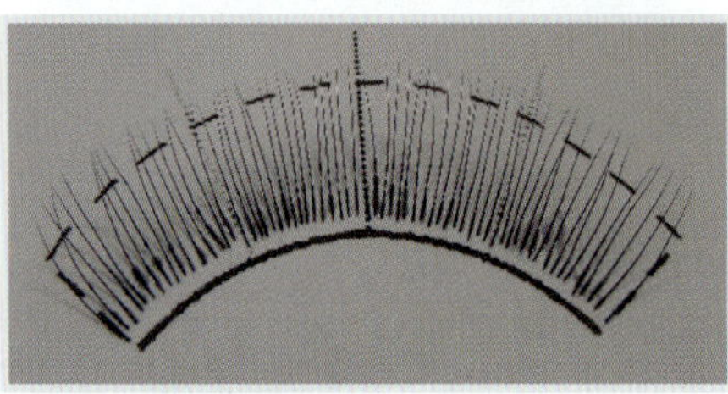

7. 기본형 붙이기 완성

Lesson 10 속눈썹 붙이기 – STEP 2 세미 베이직

속눈썹 붙이기 기초 연습

STEP 2의 가모를 종이컵의 끝부분에 연습용 눈썹을 붙인 후 부채꼴 모양으로 디자인한다.

- 종이컵을 ½ 커팅하여 연습하면 고객이 누웠을 때 두상의 느낌을 연출할 수 있다.
- STEP 3부터는 핀셋을 두 가지 다 사용하여 손에 익숙해지게 연습한다. 오른손의 핀셋은 45°형 핀셋을 사용해야 손목에 무리를 덜 줄 수 있다.

1. 아이라인 선을 전체적으로 3등분한 후 중심에 11mm를 붙여준다.
2. 양쪽 끝부분에는 9mm를 붙여준다.
3. 11mm와 9mm 사이의 중간에 10mm를 붙여 부채꼴의 가드라인을 만든다. (이때 종이에 글루의 퍼짐이 없어야 하며, 컬끝이 앞쪽을 향해 있어야 한다).
4. 각 11mm와 10mm 사이, 10mm와 9mm 사이에는 미세한 계단형 디자인이 생길 수 있으므로 교차로 붙여준다.

가모 붙이기

1. 종이컵을 준비한다.

2. 종이컵에 연습용 눈썹을 붙인다.

3. 붙여진 연습용 눈썹을 균일한 길이로 커팅한다.

4. 중심에 11mm 가모를 붙여준다.

5. 양사이드 부분에 9mm를 붙인다.

6. 11mm와 9mm 사이 중심에 10mm를
  붙여준다.

7. 왼손 쪽에 일자형 핀셋으로 붙이고자 하는
  부분을 구분해준다.

8. 7번 작업 후 오른손 45°핀셋으로
   가모를 붙여준다.

9. 가모를 순서대로 붙여준다. 이때 가닥가닥
   붙지 않게 떼어주면서 연장을 한다.

10. 한쪽 부분이 완성된 눈썹모양이다.

11. 반대쪽도 점차 연결하여 붙인다.

12. 남은 부분까지 완성해간다.

13. 완성

속눈썹 붙이기 – STEP 3 부채꼴

속눈썹 붙이기 기초 연습

가모 9mm, 10mm, 11mm 기본 3가지 길이를 이용하여 부채꼴 모양으로 붙이는 연습을 한다.

1. 아이라인 선이 그려진 용지에 전체적으로 3등분한 후 중심에 11mm를 붙인다.

2. 양쪽 끝부분에는 9mm를 붙인다.

3. 11mm와 9mm 사이의 중간에 10mm를 붙여 부채꼴의 가드라인을 만든다(이때 종이에 글루의 퍼짐이 없어야 하며, 컬끝이 앞쪽을 향해 있어야 한다).

4. 각 11mm와 10mm 사이, 10mm와 9mm 사이에는 미세한 계단형 디자인이 생길 수 있으므로 교차로 붙여준다.

가모 붙이기 – 부채꼴

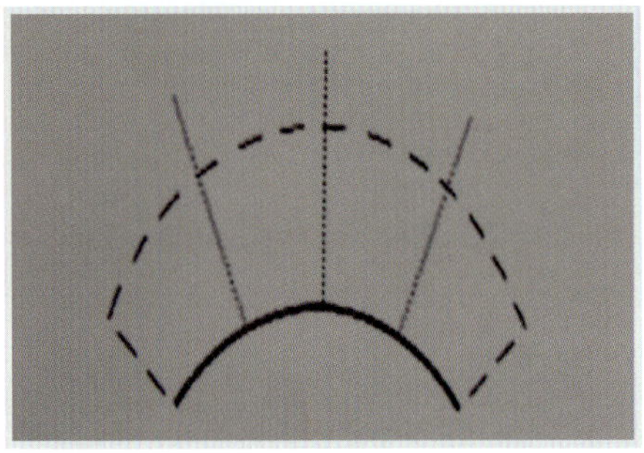

1. 준비

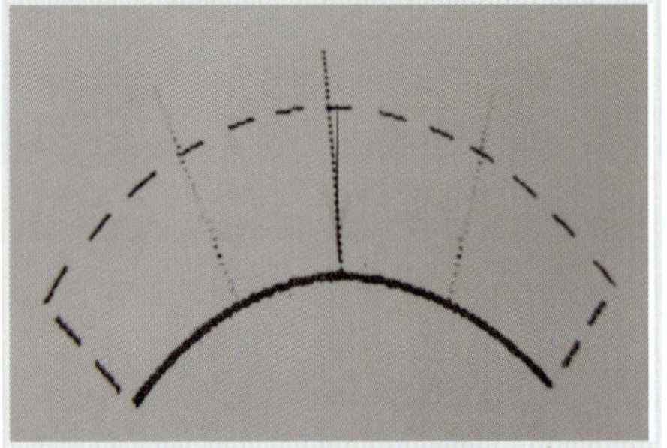

2. 9mm, 10mm, 11mm를 사용하여 부채꼴 모양으로 디자인한다. 11mm를 센터에 붙인다.

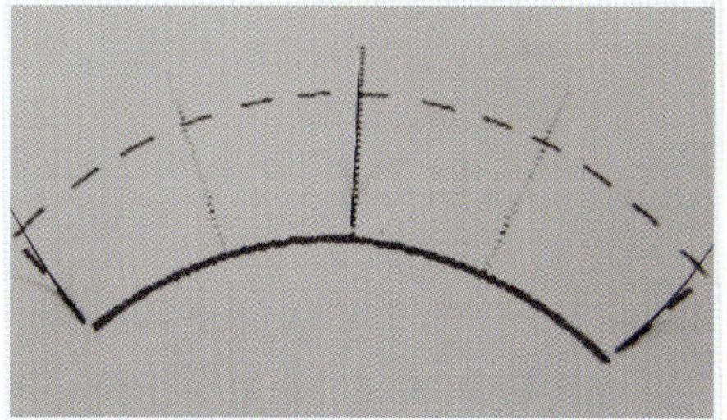 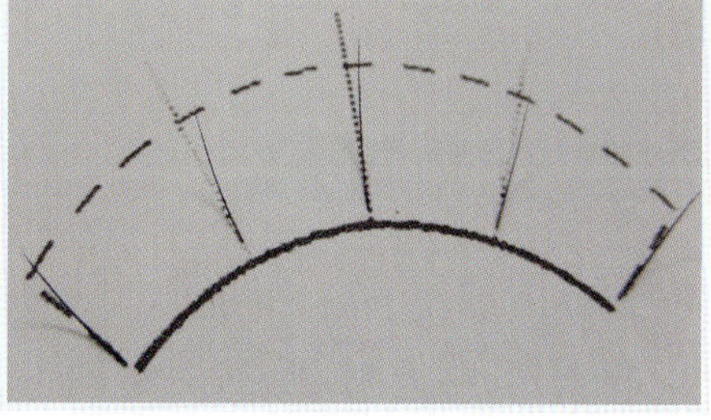

3. 9mm를 가장자리에 붙인다.

4. 10mm를 양 사이드 중심에 붙인다. 각 3가지 길이를 중심에 붙여 뼈대를 만든다.

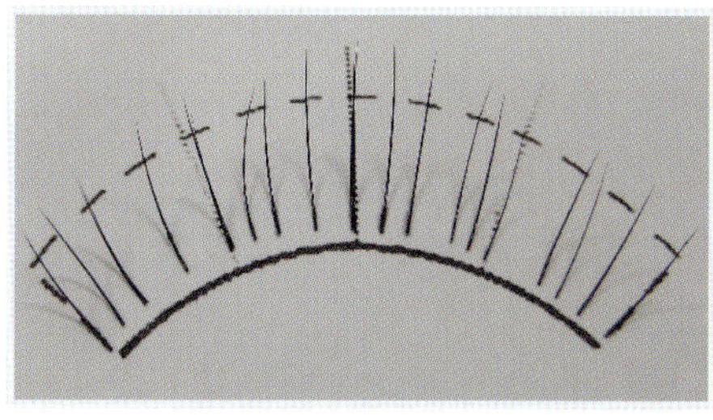 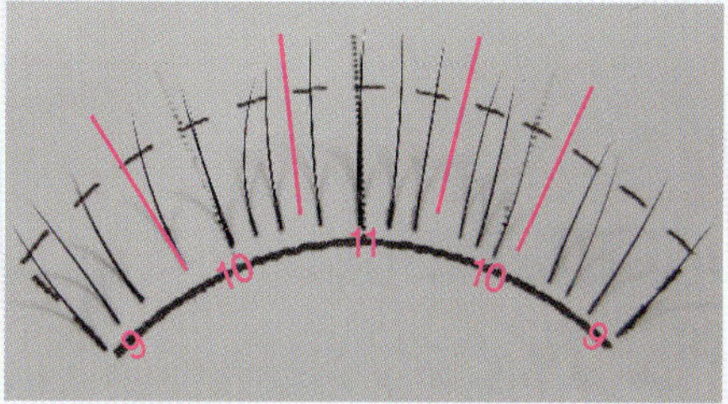

5. 9mm, 10mm, 11mm 사이사이에 교차하여 층이 생기지 않게 붙인다.

Tip 빨간선을 중심으로 라운드 영역만큼 교차로 붙인다.

예) 9와 10 사이 - 9, 10, 9, 10

　　10과 11 사이 - 10, 11, 10, 11

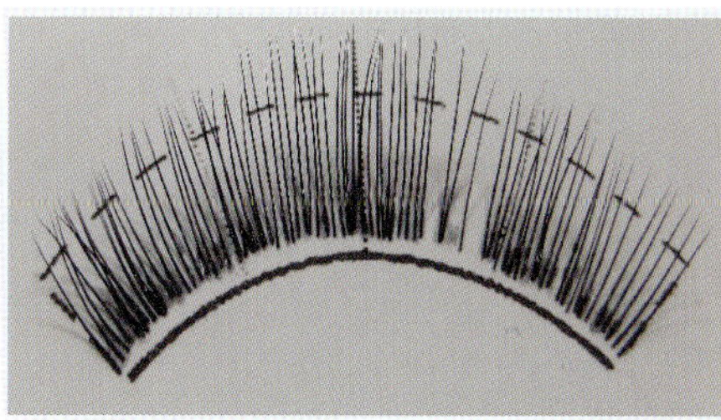

6. 가모와 가모 사이가 붙지 않게 작업하고, 부채꼴 모양을 잡아가며 붙인다.

7. 부채꼴 완성

 # 속눈썹 붙이기 – STEP 4 날개형

속눈썹 붙이기 연습

가모 9mm, 10mm, 11mm 기본 3가지 길이를 이용하여 날개형 모양으로 붙이는 연습을 한다.

1. 아이라인 선이 그려진 용지에 전체적으로 3등분한 후 한쪽 사이드에 11mm를 붙인다.

2. 반대쪽 끝부분에는 9mm를 붙인다.

3. 11mm와 9mm 사이의 중간에 10mm를 붙여 날개형의 가드라인을 만든다(이때 종이에 글루의 퍼짐이 없어야 하며, 컬 끝이 앞쪽을 향해 있어야 한다).

4. 각 11mm와 10mm 사이, 10mm와 9mm 사이에는 미세한 계단형 디자인이 생길 수 있으므로 교차로 붙여준다.

가모 붙이기 – 날개형

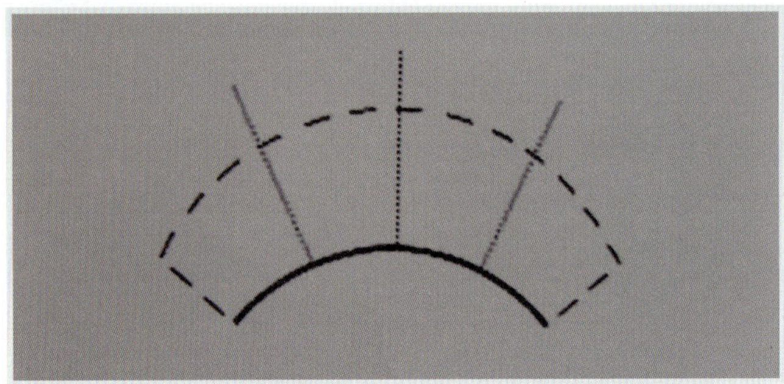

1. 준비

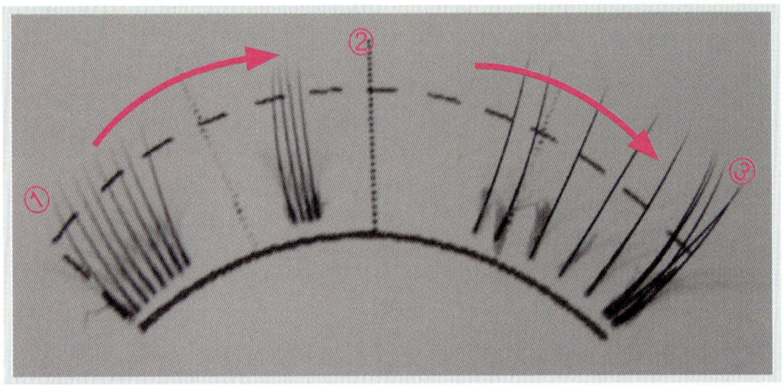

2. 기본 9mm, 10mm, 11mm를 사용하며 ①부터 ②, ③까지 점점 길어지는 모양으로 붙여준다.

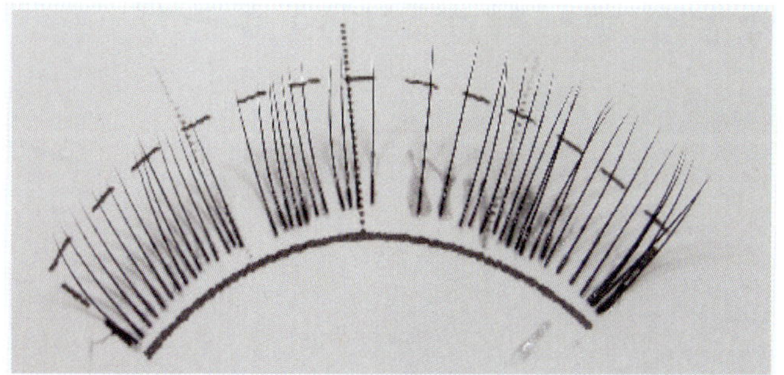

3. 각 길이 사이에 층이 지지 않도록 교차로 붙여준다.

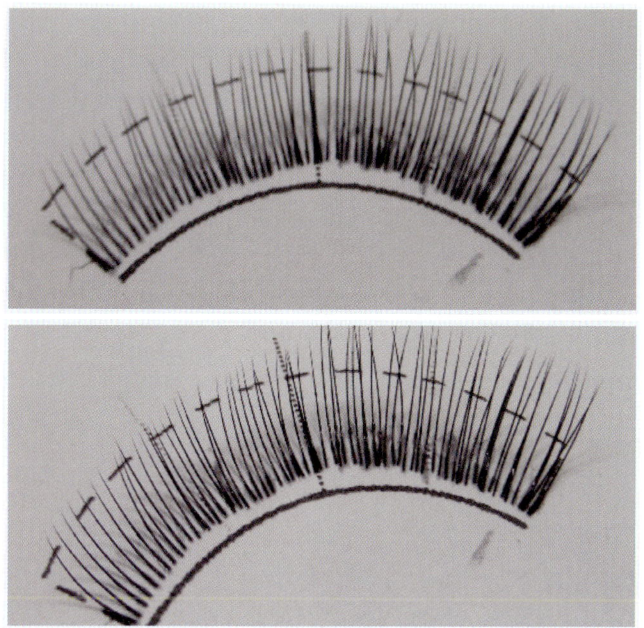

4. 날개형 완성

속눈썹 붙이기 – STEP 5 투톤형

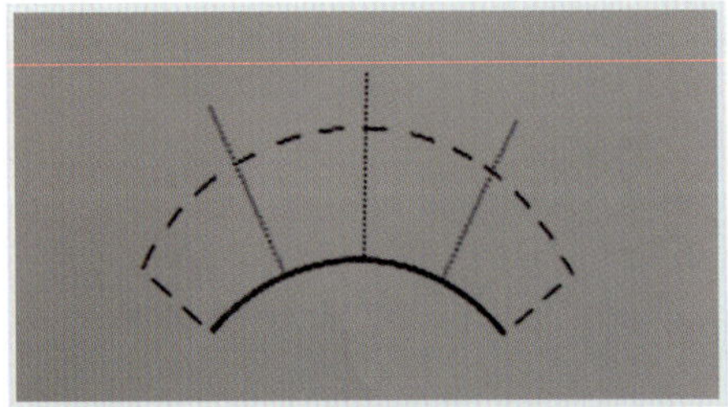

1. 준비

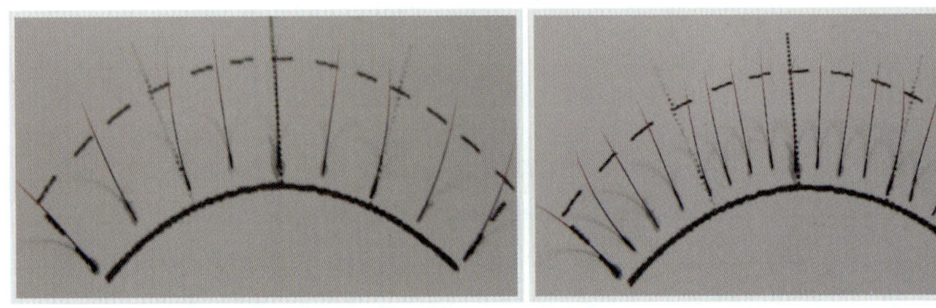

2. 기본 10mm로 전체 가드라인을 잡는다. (샘플 작업이라 10mm를 사용했지만 디자인에 따라 여러 길이를 혼합하여 사용 가능하다)

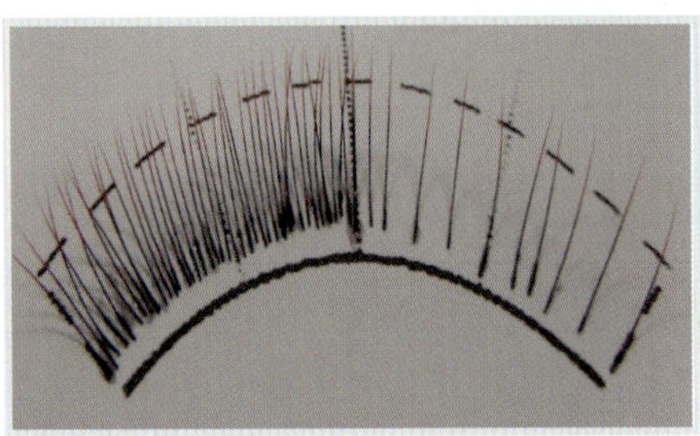

3. 한쪽부터 달라붙지 않게 가모 작업을 한다.

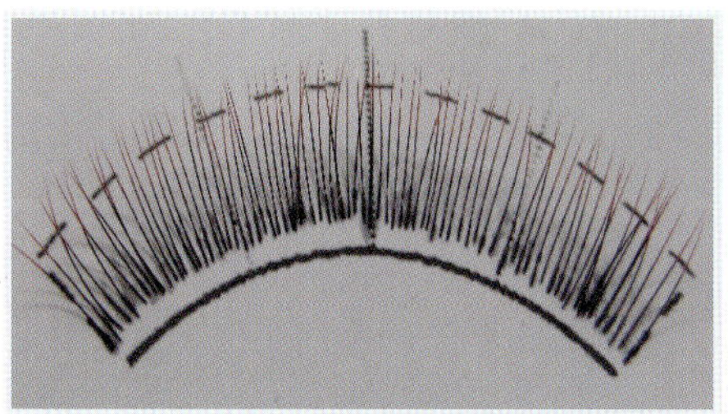 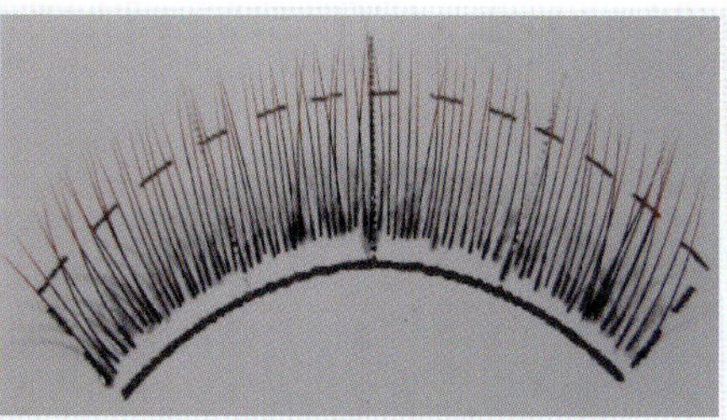

4. 전체적으로 밸런스를 맞춰 작업하고 마무리한다(내추럴 스타일 완성).

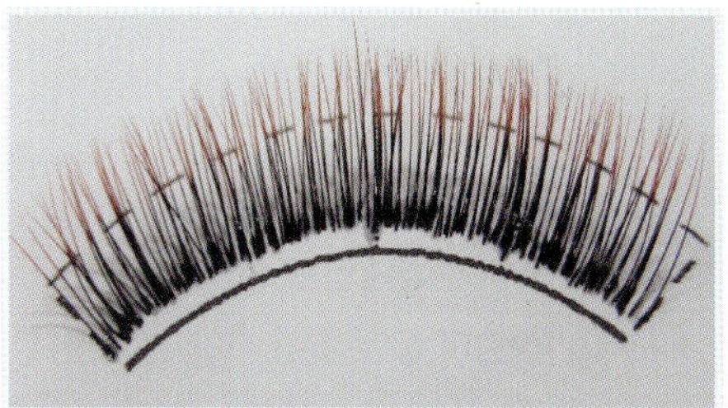 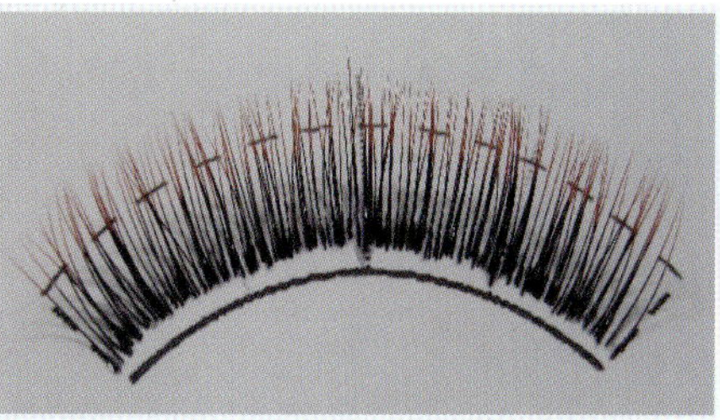

5. 조금 더 풍성하게 작업한다(인위적인 느낌이 있기 때문에 고객의 의사에 따른다).

 속눈썹 붙이기 – STEP 6 스톤형

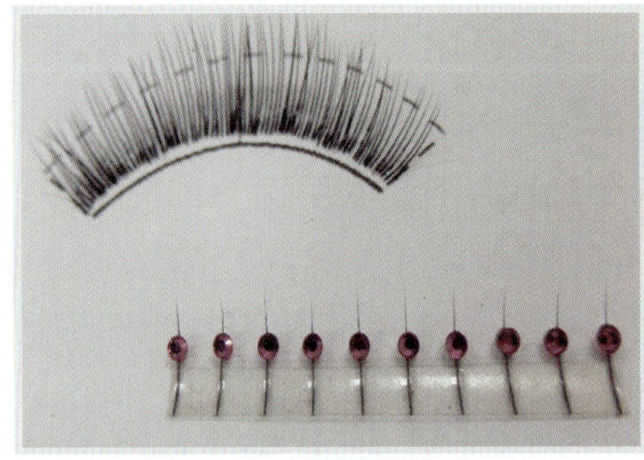

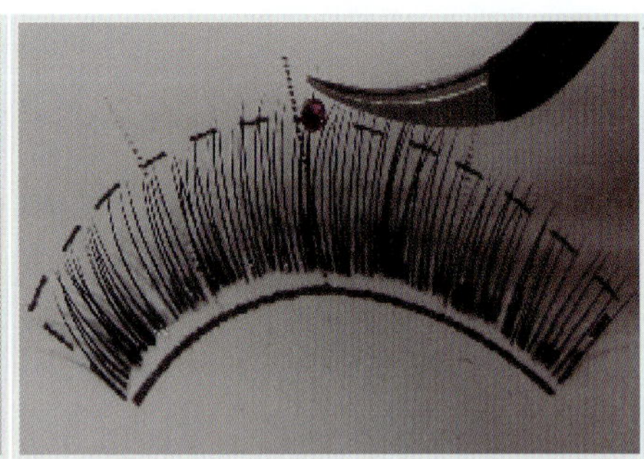

1. 가모를 붙인 눈썹과 스톤 눈썹을 준비한다.
 – 고객의 취향이 우선이지만 보통은 포인트
  로 많이 붙인다.

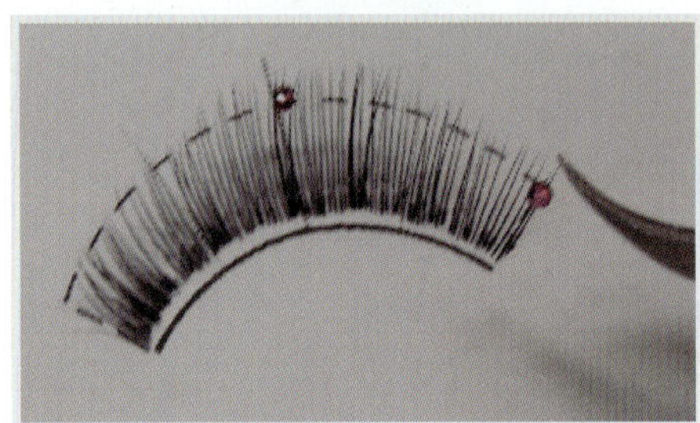

2. 스톤 눈썹 완성

Lesson 15 눈 모양에 따른 눈썹 붙이기

작은 눈

작은 눈은 너무 길고 과하게 붙이면 오히려 더 작아 보일 수 있다.

1. 자연스럽게 눈썹끼리 맞닿는 느낌으로 붙여 주는게 좋다.

2. 눈 꼬리로 갈수록 길게 붙여주는것이 좋은 방법일 수 있다.

3. 컬링은 수직보다는 사선 모양이 좋다.

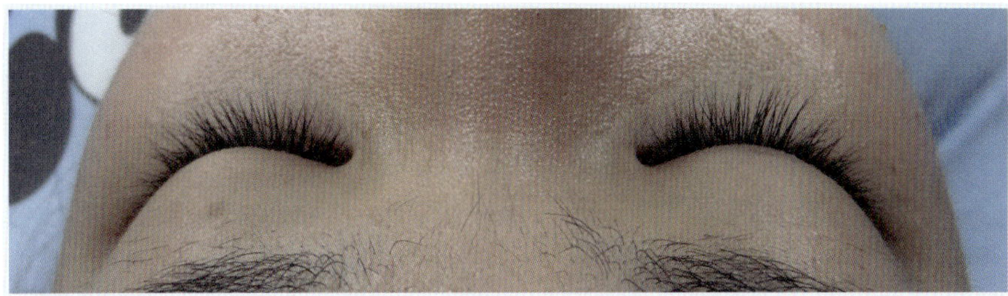

모델준비

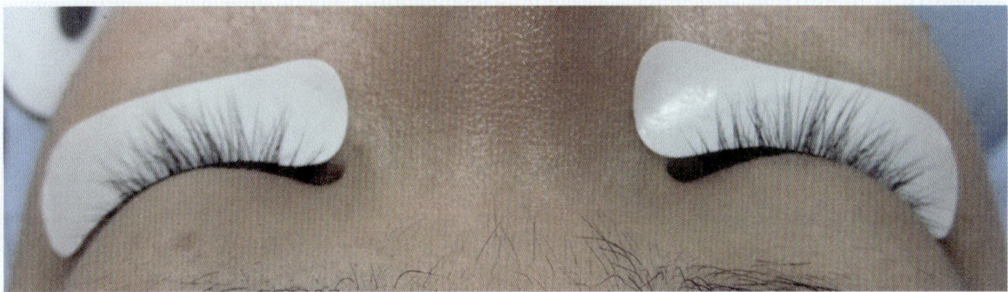

언더테이핑 작업

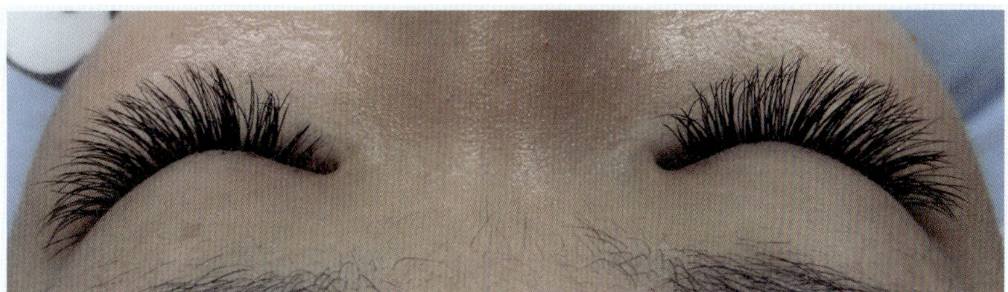

완성

1. 눈썹의 가운데 부분은 C컬형으로 눈이 커보이게 붙여준다.
2. 눈의 양끝으로 갈수록 J컬형으로 붙여준다.
   - 눈꼬리 부분을 처진 느낌으로 붙여주면 순해보이는 효과가 있다.
   - J컬형 눈썹은 짧은 것 보다 긴 눈썹을 자연스럽게 붙여주는게 좋다.

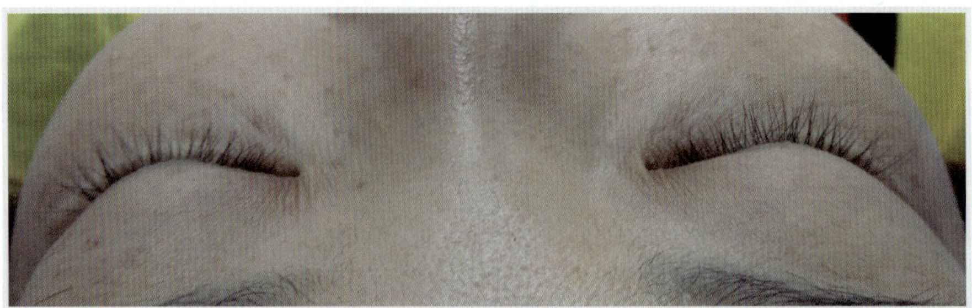

모델준비

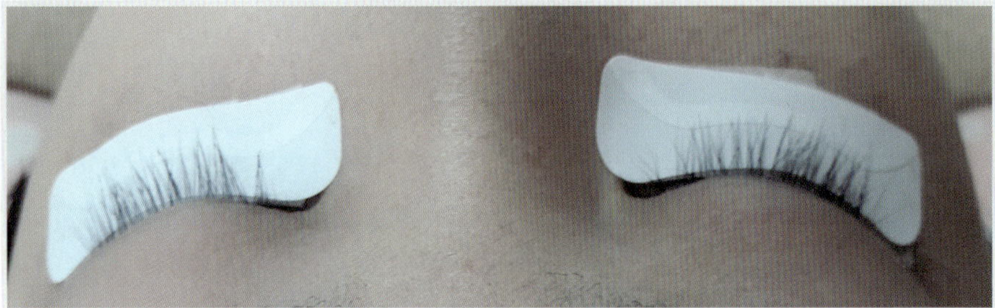

언더테이핑 작업

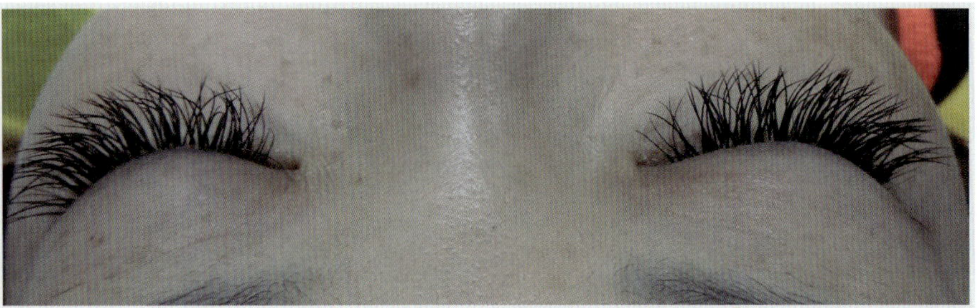

완성

눈꺼풀 돌출된 눈

1. 속눈썹을 꼼꼼히 붙여야 허전해 보이지 않는다.

2. J컬을 이용하여 붙여주고 숱이 없는 눈은 Y형 또는 트리플 등 두 가닥 이상 되어있는 모를 붙여주면 좋다.

3. 눈 꼬리부분으로 갈수록 길게 붙여주면 풍성해보이고 세련된 느낌까지 표현할 수 있다(오리지널 날개형이 아닌 자연스런 날개형으로 붙인다).

   • 눈 앞 부분, 꼬리 부분 J컬, 중심/2/3지점 L컬 사용

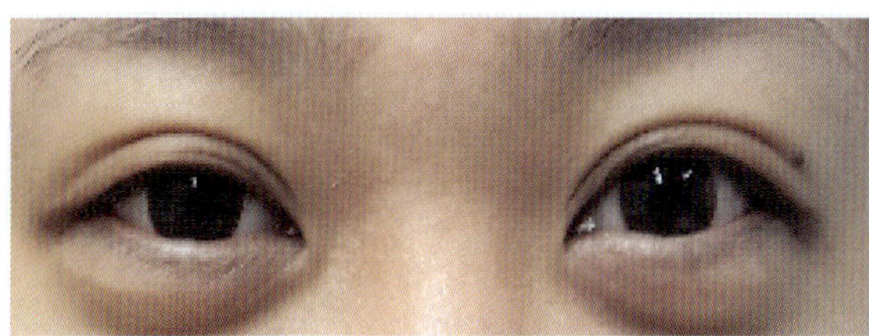
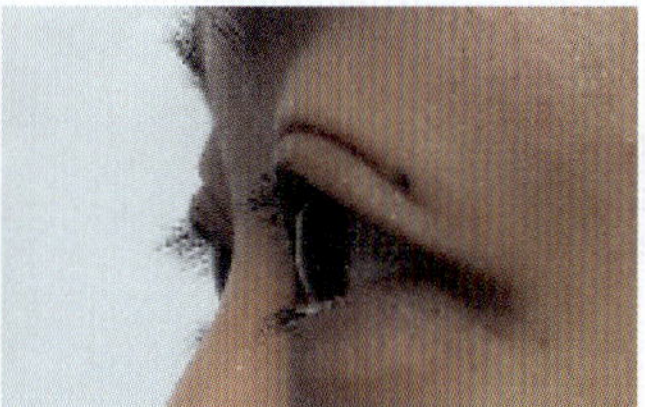

모델준비

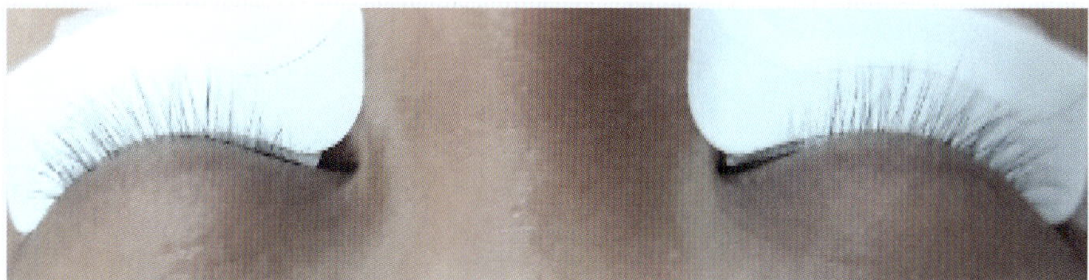

언더테이핑 작업

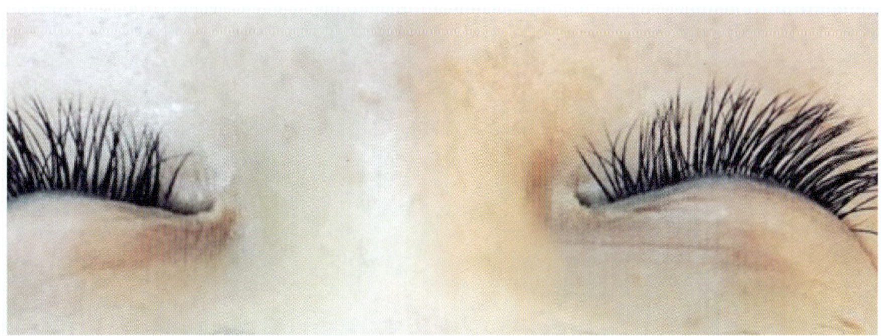

완성

1. 눈의 점막이 들린 상태가 대부분이기 때문에 최대한 두꺼운 굵기의 가모는 피하는 것이 좋다.
   - 점막이 오히려 두드러져 보일 수 있기 때문이다.
2. 자연스럽게 기본 굵기의 가모를 촘촘히 붙여주는 것이 좋다.
3. 9mm, 10mm, 11mm를 이용하여 부채꼴 모양으로 붙여준다.
   - J컬 / 0.15T 사용

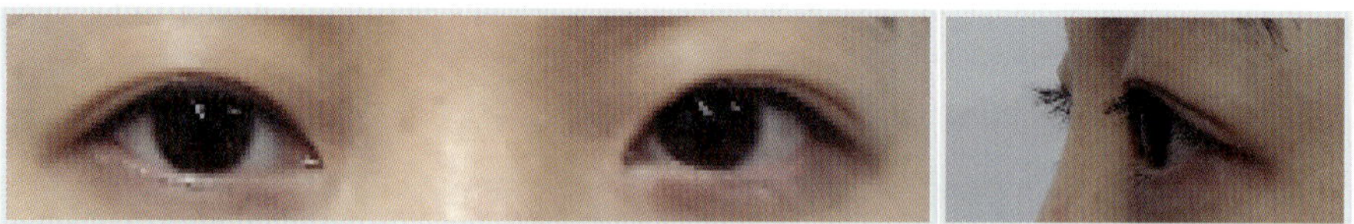

모델준비

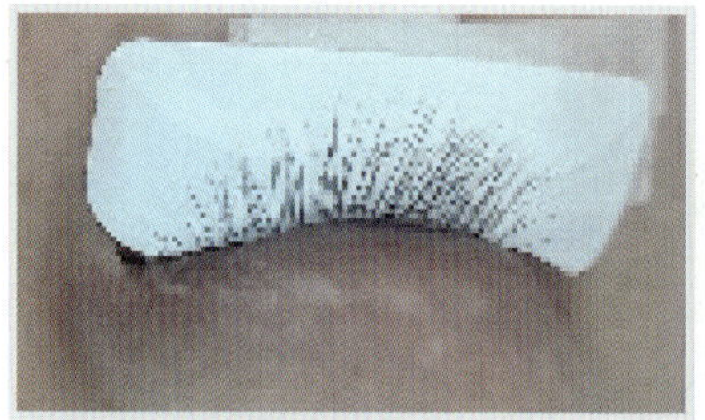

언더테이핑 작업

완성

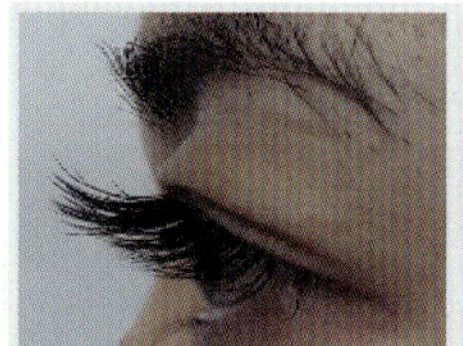

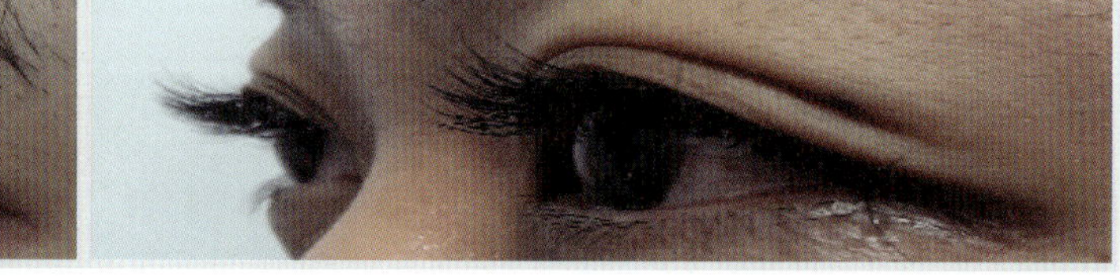

완성

처진 눈

1. 눈 끝부분이 수직이 되는 느낌으로 붙여준다.

2. 눈 가운데 부분은 사선으로 모양을 잡아주는 것이 좋다.

3. J컬, C컬을 교차로 붙여주고 눈 끝이 길어지는 느낌과 눈꼬리가 올라간 듯한 느낌을 주기 위해 L컬을 시술한다.
   - 9mm, 10mm, 11mm를 이용하여 부채꼴 모양으로 붙여준다.
   - J컬, C컬 – 0.15T / L컬 – 0.20T

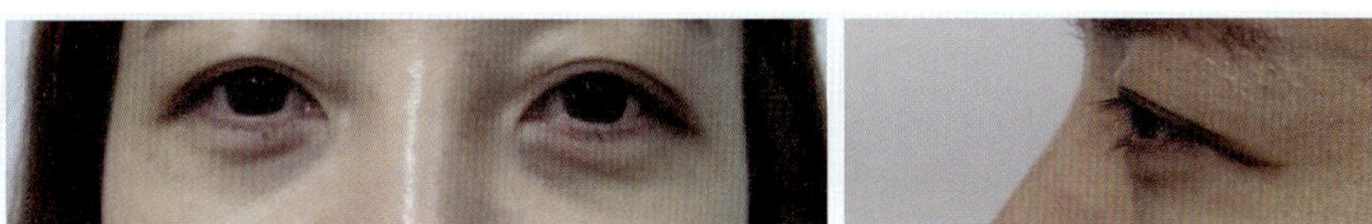

모델준비

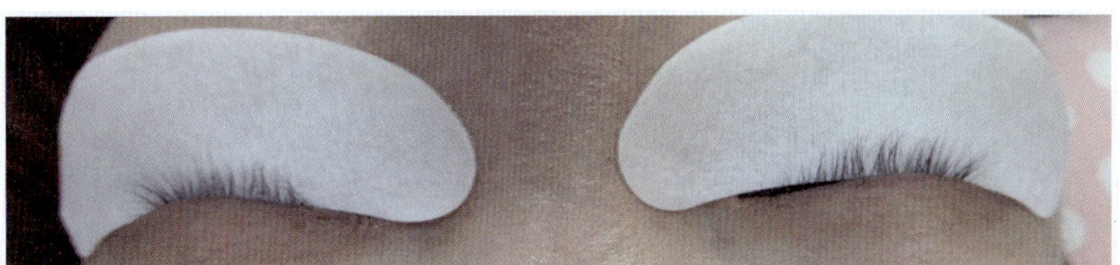

언더 테이핑 작업

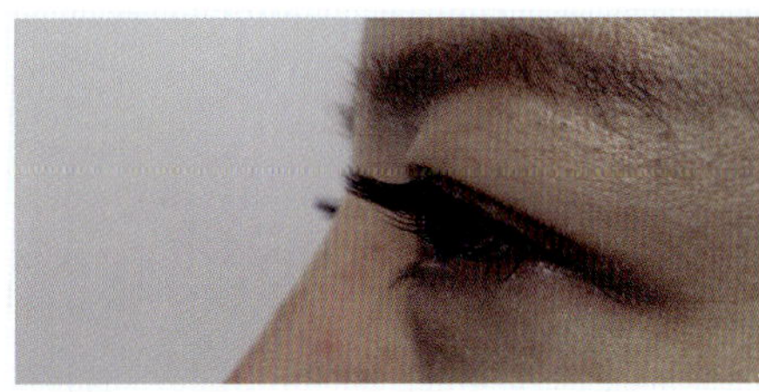
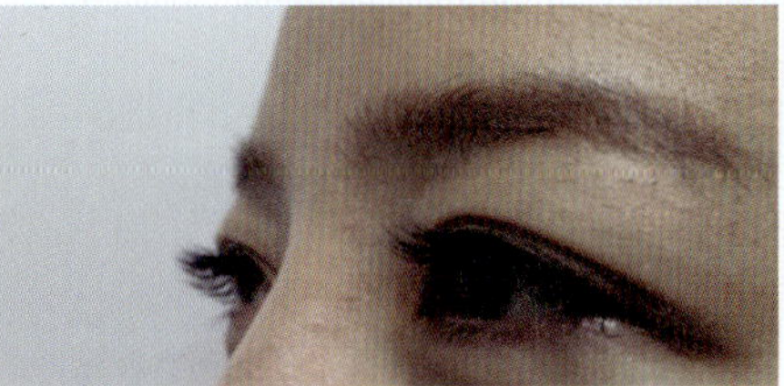

완성

1. 눈 양쪽으로 갈수록 원모와 가까운 길이를 붙여주는 것이 좋다.

2. 눈썹끼리 붙지 않게 붙여주는 게 좋고 J컬을 이용하여 최대한 자연스럽게 붙인다.
   - 눈 꼬리부분은 C컬/L컬/R컬로 붙여주면 효과적이다.

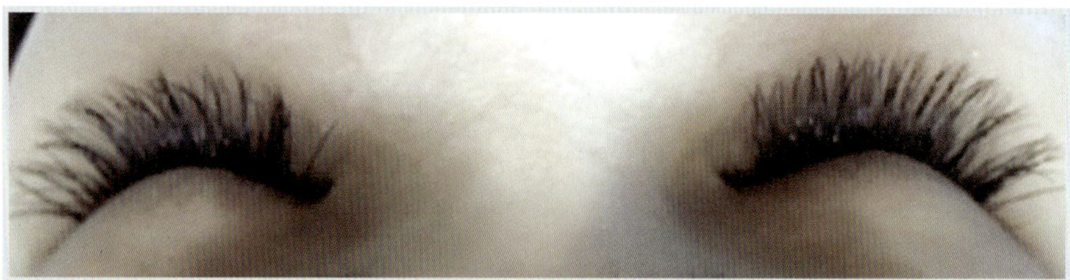

완성

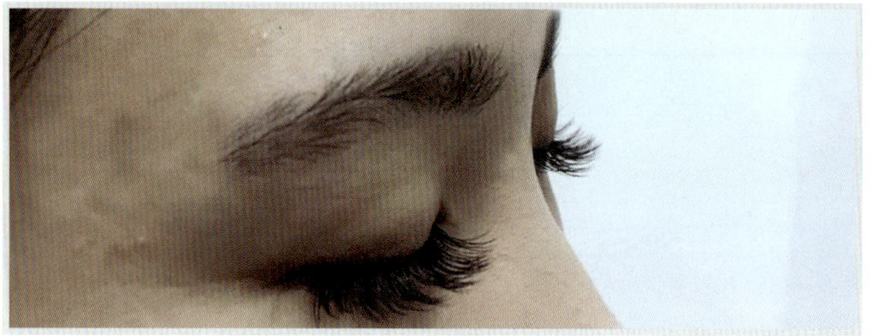

완성

쌍꺼풀없는 눈 1

1. J컬, C컬 다 무관하다.

2. 부채꼴이나 날개형은 눈꼬리 생김새에 따라 선택하면 된다.

3. 원모가 약하면 너무 두꺼운 가모는 피하는 게 좋다.

4. 풍성하게 붙이면 쌍꺼풀 라인 선이 생기기도 한다.

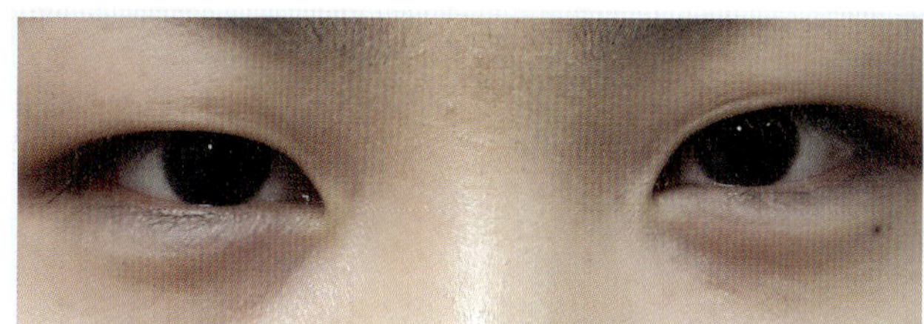
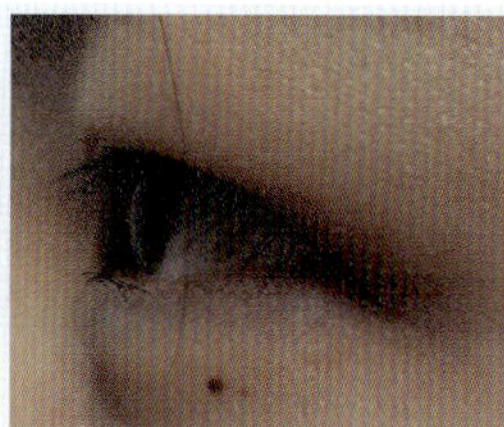

모델준비

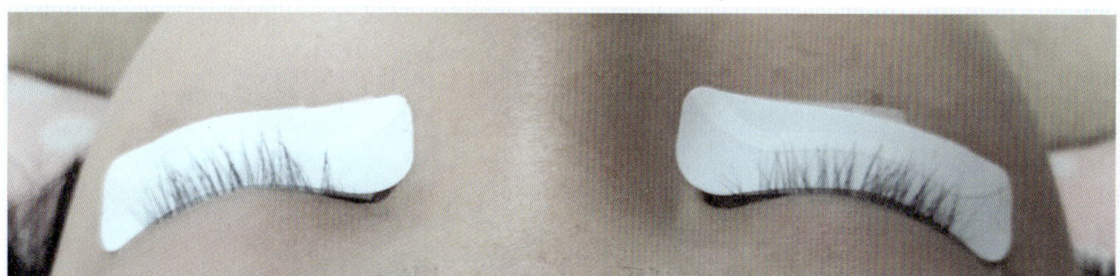

언더 테이핑하기

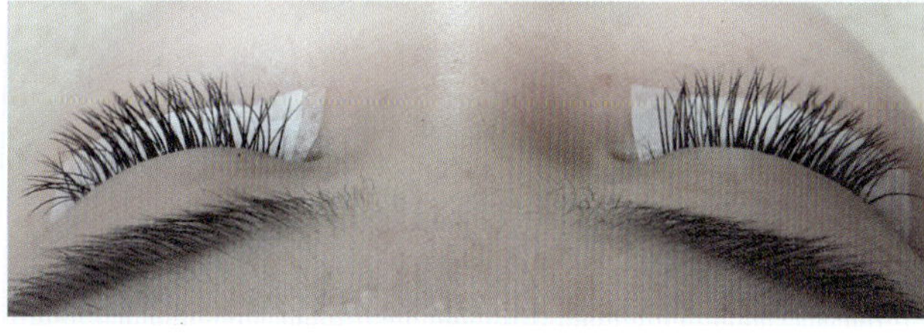
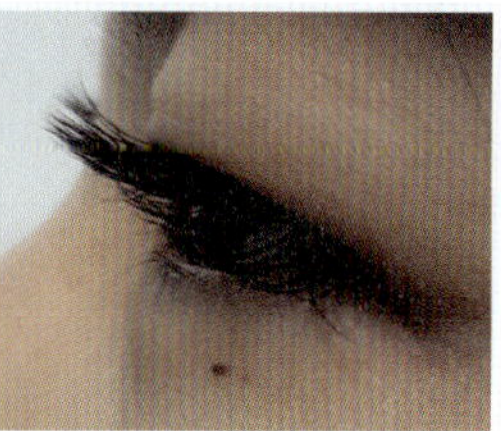

완성

1. C컬이나 R컬, L컬 다 가능하다.

2. 부채꼴이나 날개형은 눈꼬리 생김새에 따라 선택하면 된다.

3. 눈끝은 아랫 눈 피부와 맞닿을 수도 있기 때문에 J컬은 피하는 게 좋다.

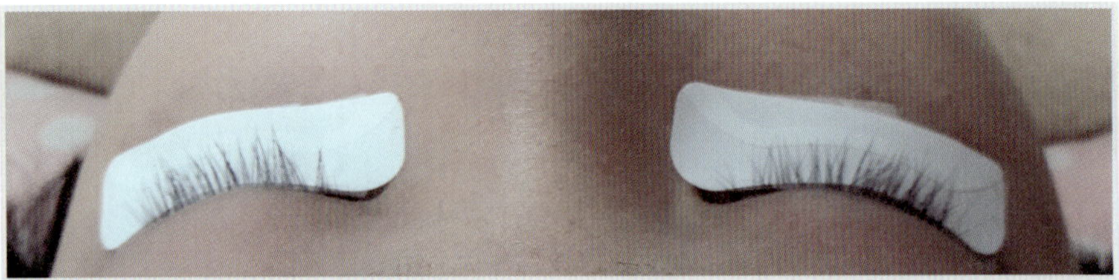

언더 테이핑하기

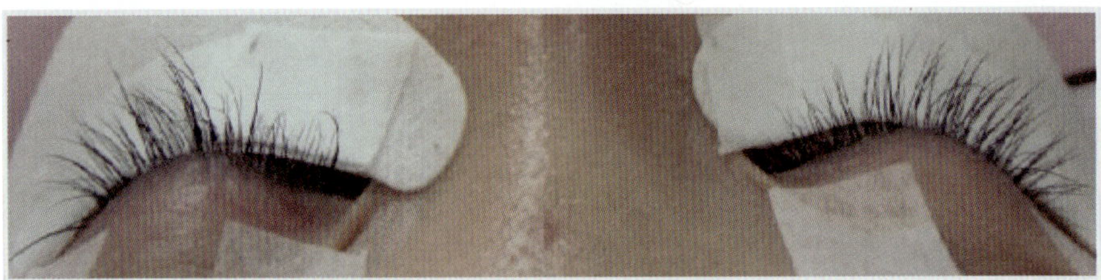

테이핑

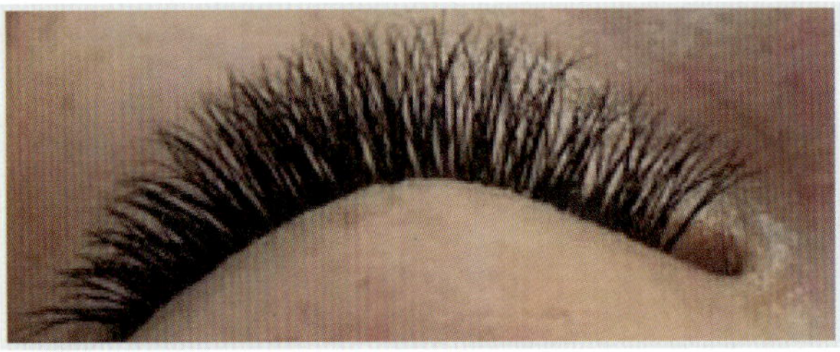

완성

Lesson 15 눈 마사지

1. 눈의 긴장을 풀어주기 위해 간단한 스트레칭을 하면 좋다. 양손가락을 눈썹 위에 올려놓고 눈을 감은 뒤 당기는 느낌이 나도록 위쪽으로 당겨준다.

2. 눈가에는 모세혈관 등이 많지 않아 산소나 영양분의 공급이 제대로 되지않기 때문에 색소 침착이나 혈액순환이 잘 이루어지지 않을 수도 있다. 엄지와 소지를 제외한 세 손가락으로 눈 주변을 바깥쪽으로 당겨준다. 눈을 감은 눈두덩이를 지긋이 눌러준다.

3. 양손 검지로 눈꼬리 끝의 관자놀이를 눌러준다.

4. 눈을 감은 후 양손으로 건반을 치듯이 눈을 살살 두드려준다.

5. 양손을 따뜻하게 하여 감은 눈을 지그시 눌러 주어 피로를 풀어준다.
   - 위의 동작을 10초 정도씩 2~3회 반복한다.

Lesson 16 속눈썹 연장 후 고객 전달사항

1. 시술 후 눈을 비비거나 만지지 않도록 주의한다.

2. 시술 후 3~6일 정도는 사우나를 피하는 것이 좋다.

3. 시술 후 최소 반나절 이내에는 눈가의 메이크업을 클렌징 크림이나 오일 타입은 피하는 것이 좋다.

4. 세안 시 물을 터치하는 느낌으로 부드럽고 자극이 없게 하는 것이 좋다.

5. 시술 후 마스카라는 가급적 피하고 마스카라 타입 또는 아이라인 타입의 영양제를 꾸준히 사용하는 것이 좋다.

6. 리터치 및 관리는 지속적이거나 체계적으로 받는 것이 좋다.

7. 1회 시술로 장기 지속된다는 말은 전달하지 않는다.
   - 개인의 차이와 생활 습관이 틀리며 일정 기간 마다 털갈이를 하기 때문이다.

TIP 속눈썹의 지속성

글루의 질이 10%정도되며 시술자의 기술이 40% 이상 되고 나머지는 고객의 평소 관리에 있다는 것을 분명하게 전달한다.

 민간자격시험제도

법률 제 5314호로 제정된 자격기본법과 시행령에 따른 민간자격법을 통하여 전문적인 능력을 평가하고 속눈썹 분야의 직업능력 개발을 촉진하는데 목적을 둔다.

- 응시자격 : 협회지정 교육원이나 협회가 인정하는 공인된 교육기관에서 관련교육을 수료한 자
- 일정 : 매년 5월과 11월 연 2회 실시
- 시험절차 : 필기와 실기로 구분되며 필기시험 합격 후 실기시험에 응시
  필기시험은 과목당 100점 만점에 60점 이상 득점 시 합격

전문강사자격증

1급자격증

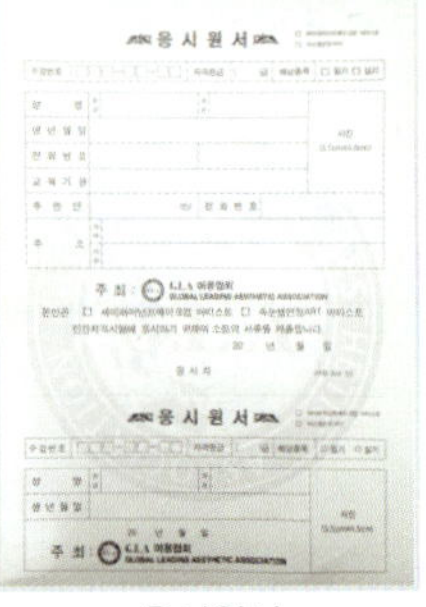

2급자격증

응시원서

Tip

미용업은 샵을 운영하는 것이 허가제로 바뀌면서 자격증을 취득해야만 하는 전문직종으로 바뀌었다. 기존에 헤어 자격증과 피부 자격증을 가지고 있다면 속눈썹연장을 할 수 있었지만, 메이크업 자격시험의 신설로 앞으로는 메이크업 자격증이 있는 경우 샵을 운영할 수 있다.

〈미용사 종목 자격 취득시기 별 속눈썹 연장술 업무 가능여부〉

	'16.9.22까지 취득자	'16.9.23 이후 취득자	
미용사(일반)	가능	불가능	
미용사(피부)	가능	불가능	
미용사(메이크업)		가능	

* '16.9.23 : 산업인력공단 미용사(메이크업) 합격자 발생일자

실습지

| 속눈썹연장 연습

–속눈썹 붙이기 연습

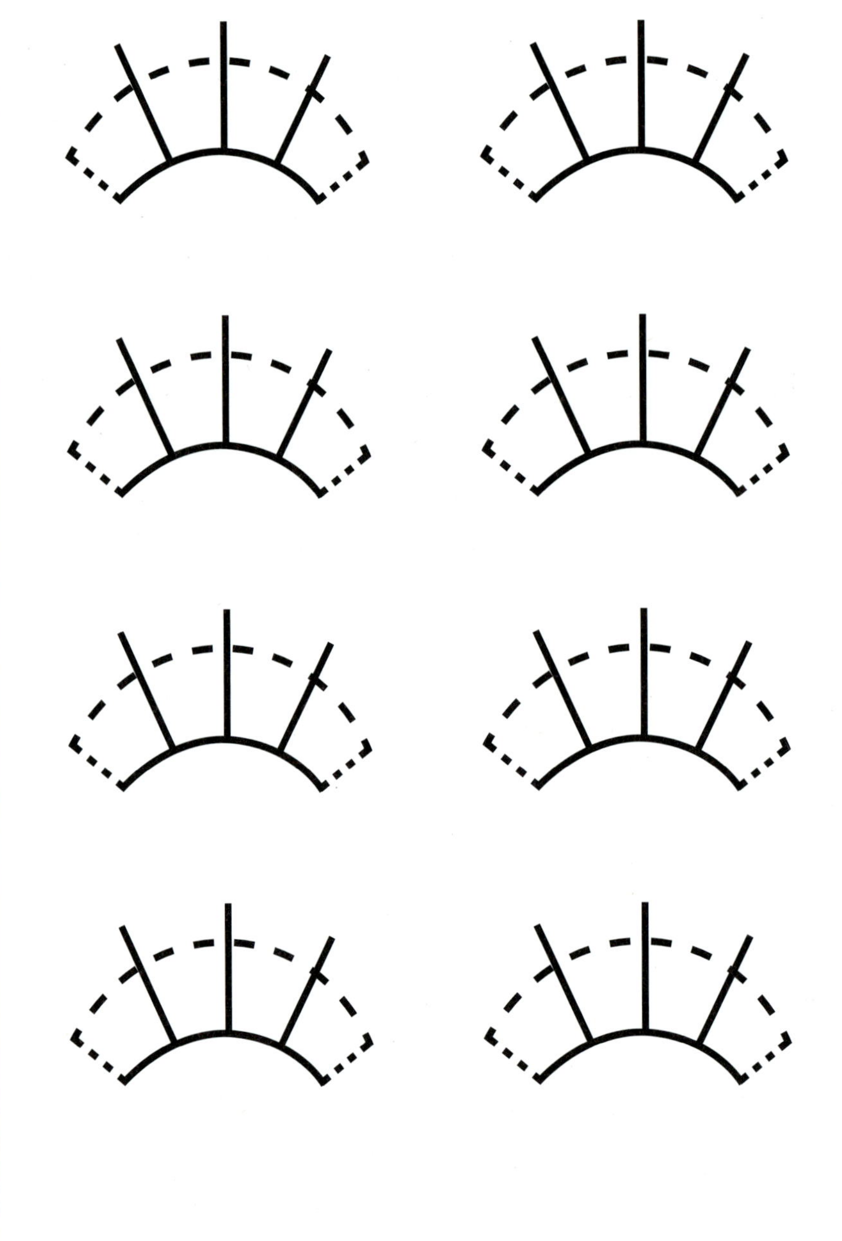

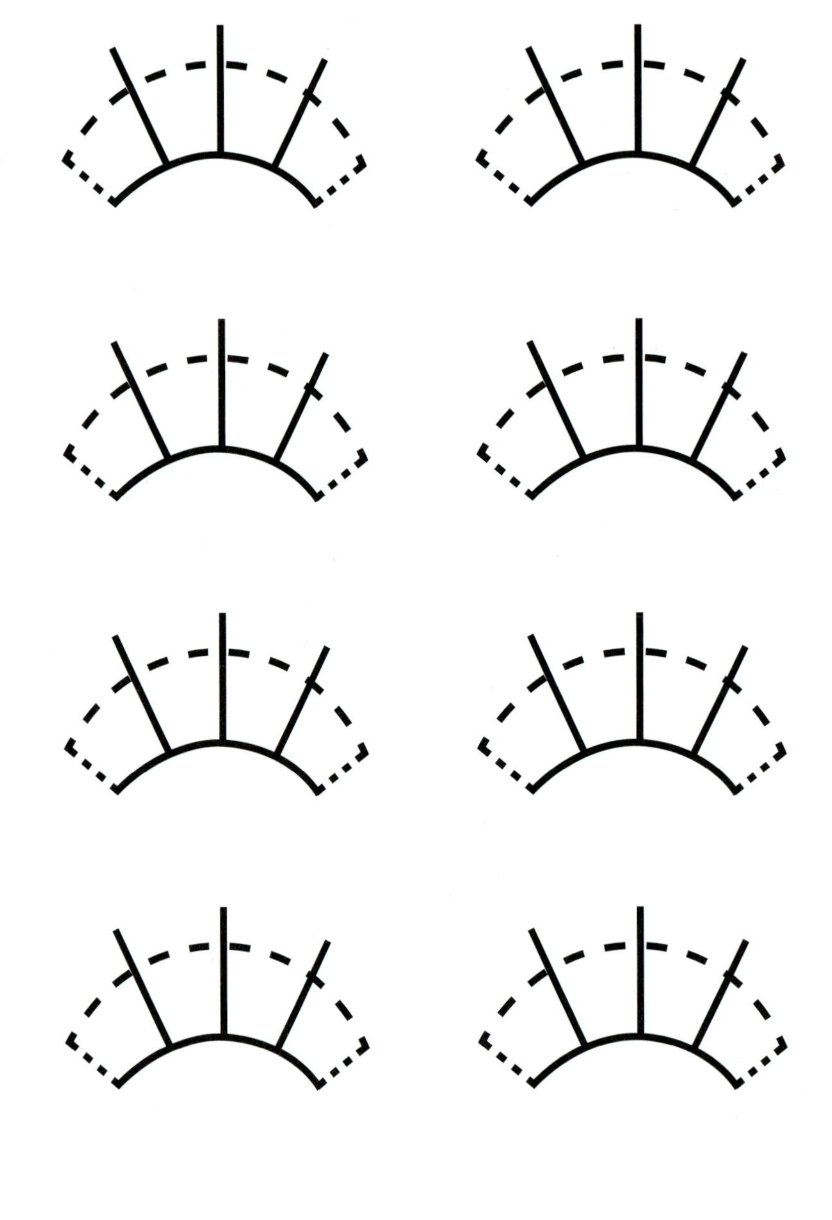

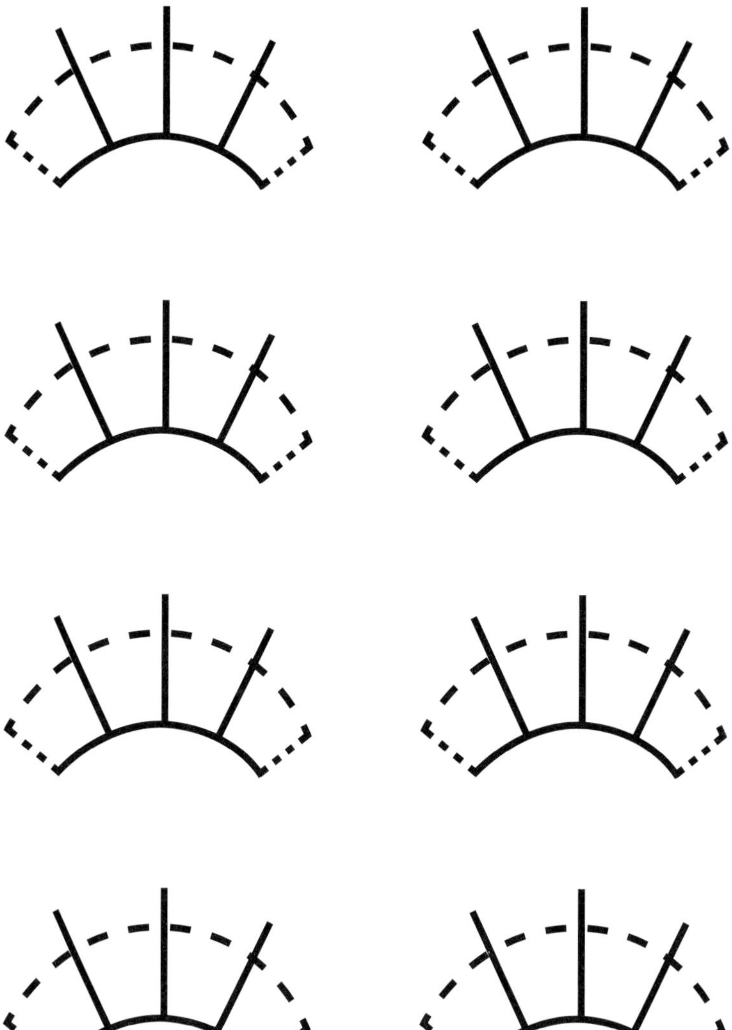

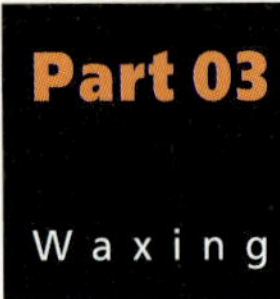

왁싱 Waxing

준비물

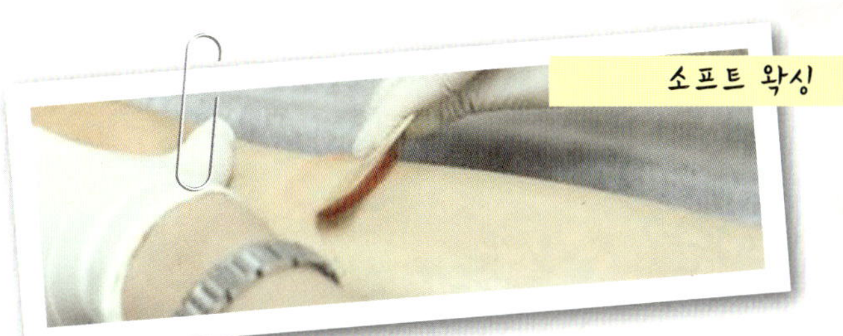

소프트 왁싱

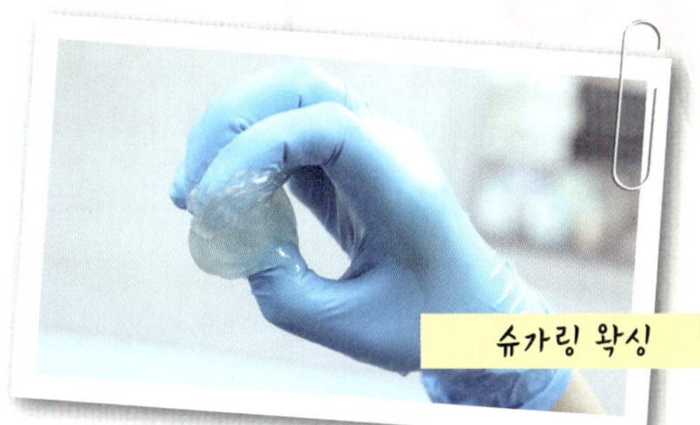

슈가링 왁싱

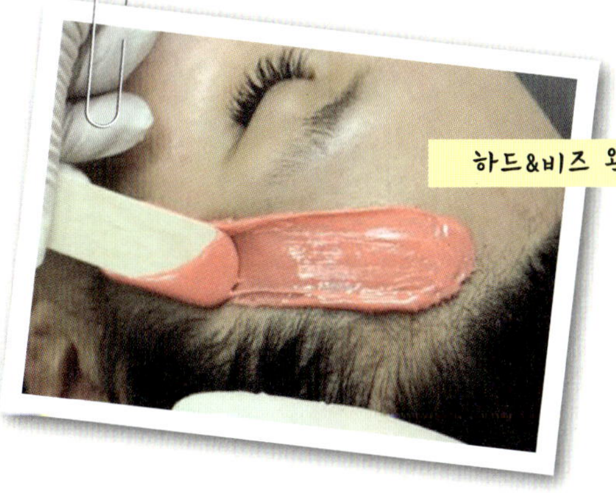

하드&비즈 왁싱

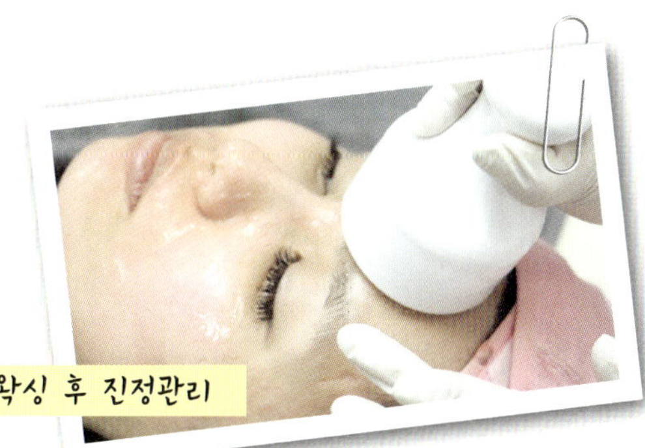

왁싱 후 진정관리

왁싱 Waxing

Lesson 1 "뷰티왁싱"이란?

왁싱은 다른 말로 제모(除毛)로서 사람의 몸에 체모를 제거하는 것을 말한다. 왁싱에는 크게 에필레이션(Epilation)과 디플레이션(Depilation)으로 나뉜다.

- 에필레이션 : 피부 모근까지 완전 제거하는 방법(뷰티왁싱, 전기분해, 레이저 등)
- 디플레이션 : 피부 표면 위 모(毛)만 제거하는 방법(면도기, 제모크림 등)

왁싱이란 왁스를 이용해 신체의 불필요한 모(毛)를 제거하는 방법으로서 동시에 각질제거 및 피지제거효과를 볼 수 있는 미용기법이다. 꾸준한 왁싱 시술을 통해 모(毛)가 얇아지면서 점차 적게 나게 되는 효과를 보면서 최근에는 단순한 왁싱이 아닌 "뷰티왁싱"이라는 용어로 많이 쓰이고 있다.

"뷰티왁싱"의 종류로는 페이스(face)왁싱, 바디(bady)왁싱, 외음부(pubic)왁싱으로 크게 3가지로 나뉘어 볼 수 있다.

최근 들어 많은 사람들이 왁싱에 관심이 많아지면서부터 단순히 바디(bady)왁싱(팔, 다리) 뿐만 아니라, 페이스(face)왁싱과 외음부(pubic)왁싱에 관심이 많아지고 있다.

페이스(face)왁싱은 이마와 얼굴에 난 모(毛)를 제거하는 시술방법이다. 이마에 난 잔모(毛)로 인해 깔끔해 보이지 못했던 이미지를 헤어라인 왁싱 시술을 통해 단정하고 깔끔한 이미지를 연출해 준다. 인중왁싱이나 풀페이스 왁싱은 메이크업을 잘 받게 해 줄 뿐만 아니라, 얼굴전체에 있는 솜털로 인해 보이지 않았던 명암이 사라지면서 볼륨감이 살아나는 효과를 볼 수 있어 좀 더 젊어 보이는 이미지를 표현 할 수 있다. 여드름이나 지성피부도 모(毛)가 사라짐으로 인해 피지분비량의 조절이 가능해져 피부관리 효과를 볼 수 있다. 또한, 왁싱을 통한 각질제거로 피부 미백효과도 볼 수 있어 왁싱이 점차 많은 관심을 받는 추세이다.

브라질리언 왁싱으로 많이 알려져 있는 pubic 왁싱은 신체의 청결에 도움이 되는 위생적인 측면에서부터 비키니 및 속옷 등으로 인한 시각적인 측면과 섹슈얼리티(sexuality) 즉, 성(性)적 매력 또한 나타낼 수 있는 외모관리 방법으로 많은 남, 여 모두가 관심을 가지기 시작했다. 최근에는 여자 왁서뿐 아니라 남성 전용 왁서와 왁싱샵도 등장하는 추세이다.

외음부(pubic)왁싱은 여름철 비키니나, 속옷을 위한 단순 시각적인 표현 뿐 만이 아니라 위생적 측면에서 여성들의 생리주기 전·후에 찾아오는 불쾌함과 찝찝함을 없애주며, 스트레스나 피로로 인한 습관성 질염예방에도 도움을 준다. 또한, 출산을 앞두고 있는 산모에게도 왁싱이 위생적이라는 장점 외에도 출산의 3대 굴욕 중 하나인 음모 면도를 피할 수 있게 해 주어 오늘날에는 많은 산모들이 출산 전에 미리 왁싱샵에 들려 시술을 받고 있다.

남성 역시 항문에 모(毛)로 인한 항문 가려움증이나, 땀띠, 트러블로 인한 불편함을 예방하며, 위생적인 측면에서 청결함을 느낄 수 있어 최근에는 남성전용 왁싱 관리에도 많은 관심을 보이며, 왁싱 관리를 받는 남성들이 점점 늘어나고 있다.

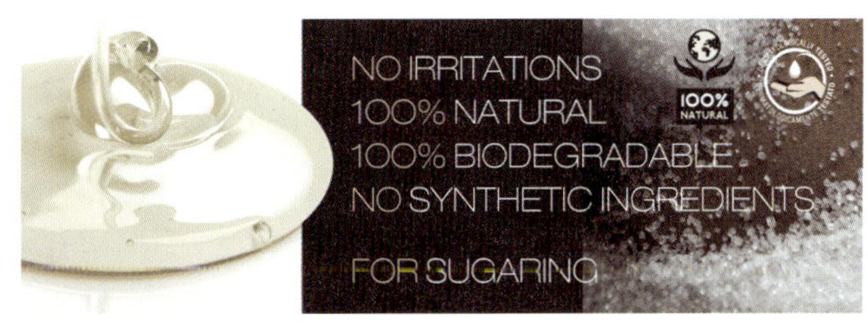

소프트왁스(Soft Wax)

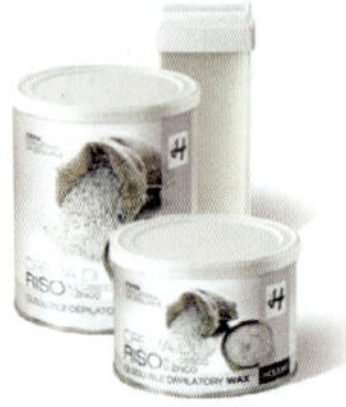

1. 장점

▶ 빠르고 쉽게 사용가능

▶ 짧은 시간 내 넓은 부위의 관리가 가능

▶ 빠른 시간 내에 관리가 끝나므로 통증 시간도 단축

2. 단점

▶ 소프트 왁스의 주성분인 송진이 피부에 밀착력이 좋아 피부 트러블 유발 가능성

▶ 모(毛) 방향에 따라 관리해야 하므로 주의가 필요

▶ 넓은 부위를 관리하는 제품으로서 초보자인 경우 피부 늘어짐이나 스킨탈락 주의

▶ 왁싱 관리 중 또는 관리 후 끈적임이나 잔여물이 남음

3. 도포 및 제거 방법

모(毛)가 난 방향으로 도포 → 모(毛)가 난 반대 방향으로 제거

하드왁스 (Hard Wax)

Elastic Bikini

크림과 같은 느낌으로 피부에 자극을
최소화시킨 브라질리언 전용왁스로
섬세한 부분을 자극없이 제거 가능

Elastic Green

브로우, 인중, 헤어라인 등의 거칠거나 얇은 모에
안전하게 적용하여 부드럽지만 강한 밀착력으로
예민한 부분의 제모 가능

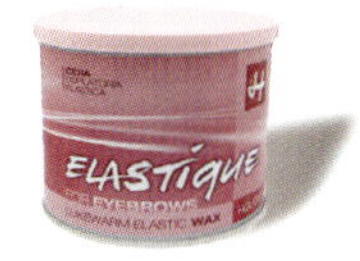

Elastic Pink

강한 모인 아이브로우 왁싱 전용제품으로
크리미한 제형에도 강한 밀착력으로
스킨탈락 없는 제모 가능

1. 장점

- ▶ 예민한 부위나 민감한 부위에 관리가 용이
- ▶ 피부에 늘러 붙지 않고 잔여물이 남지 않아 마무리가 깔끔함
- ▶ 겨드랑이와 같이 여러 방향으로 모(毛)가 자라난 부위에도 효과적

2. 단점

- ▶ 소프트 왁스에 비해 왁스 도포 부위가 넓지 않아 오랜 시간이 소요
- ▶ 두껍게 여러 번 도포함으로서 왁스의 사용량이 많음

3. 도포 및 제거 방법

모(毛)가 난 방향으로 도포 → 모(毛)가 난 반대 방향으로 제거

1. 장점

▶ 원하는 양만큼 왁스를 덜어서 빠르게 녹여 사용이 가능

▶ 예민한 부위나 민감한 부위에 관리가 용이

▶ 피부에 늘러 붙지 않고 잔여물이 남지 않아 마무리가 깔끔함

▶ 하드왁스보다 점도가 좋아 쉽게 깨지지 않아 넓고 긴 부위에 관리가 용이

▶ 하드왁스보다 빠른 시간 내에 관리가 끝나므로 통증 시간도 단축

2. 단점

▶ 소프트 왁스처럼 넓은 부위에 사용이 가능하나, 왁스의 사용량이 많음

▶ 같은 두께로 고루 도포하지 않으면 모(毛)의 끊어짐 현상 발생 우려

3. 도포 및 제거 방법

모(毛)가 난 방향으로 도포 → 모(毛)가 난 반대 방향으로 제거

1. 장점

▶ 100% 천연 설탕 성분으로 피부에 효과적(항염 및 보습효과)

▶ 피부온도와 비슷한 37.5도로 관리함으로서 뜨겁지 않고 예민한 피부도 관리가 가능

▶ 수용성 제품이라 실수를 하더라도 물로 쉽게 제거가 가능

▶ 손으로 이용하는 관리이므로 넓은 부위나 좁고 작은 부위를 자유롭게 관리 할 수 있음

▶ 한번 관리를 시작한 왁스로 원하는 부위를 모두 제거 할 수 있어 왁스 사용량이 경제적

2. 단점

▶ 설탕은 온도와 습도에 민감하므로 관리 도중 왁스가 피부에 늘러 붙어 자극을 줄 수 있음

▶ 많은 시간과 기술 연습을 하지 않으면 초보자는 사용 할 수 없는 어려움

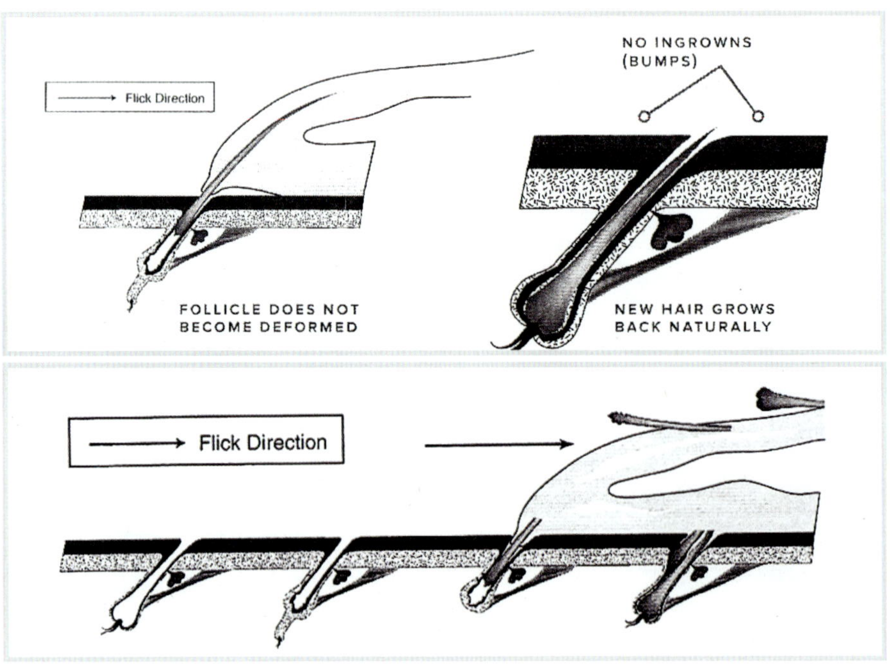

3. 도포 및 제거 방법

모(毛)가 난 반대 방향으로 도포 → 모(毛)가 난 방향으로 제거

※ SUGAR WAX sugaring 에 대한 이해

▶ 기존왁스(Hard & Soft & Beads) 방법과 다르게 모(毛)가 난 방향으로 제거하는 슈가왁싱 관리 방법은 피부에 자극이 덜하고, 통증 또한 줄여 주는 효과를 볼 수 있다.

▶ 화학제품 탈피: 왁싱 후, 후처리 오일 등 화학제품으로부터 탈피

▶ 천연 재료 : 세계적 자연주의 추구 현상

▶ 피부 無 반응, 저 자극 현상: 각질과 탈락, 홍반, 발열, 화상

▶ 왁싱 중 항염, 염증 방지 효능: 슈가에 함유된 성분으로 항염, 염증발생 저하 효능

▶ 스트립, 하드 왁싱 후 복합적 사용 가능 : 왁싱으로 인해 손상된 피부에 더 이상 왁싱할 수 없을 때(횟수 초과 시), 슈가왁싱으로 정리 가능

Lesson 3 뷰티왁싱 관리 전·후 제품 소개

1. Holiday Pre waxing lotion – 왁스 전 처리제

과일 추출물을 이용한 산뜻하고 가벼운 워터타입이
며 피부의 피지와 유·수분 혹은 잔여 노폐물 등을
제거해줘 왁스가 피부에 잘 밀착될 수 있도록 만들
어 주는 왁싱 시술 전 처리제

2. Holiday refreshing gel – 왁싱 후 진정젤(바디용)

멘톨, 티트리 성분으로 소염 효과와 더불어 청량감
과 시원함을 느낄 수 있으며 붉어진 피부와 열려있
는 모공을 빠르게 진정시켜주어 피부에 활력을 불
어 넣어 주는 제품

3. Holiday SOFT refreshing gel – 왁싱 후 진정 젤(예민용)

구아바, 카렌듈라, 알로에, 펩타이드 성분으로 왁싱
시술로 붉어진 피부와 열려있는 모공을 빠르게 진
정시켜주며 수분 및 물광 표현으로 피부에 활력을
불어 넣어 주는 제품

(예민, 민감피부전용 : 페이스, 브라질리언, 겨드랑
이)

4. Holiday Post waxing milk – 왁싱 후 관리 로션

왁싱 후 민감하고 건조해진 피부에 진정작용이 뛰어난 알로에 카렌듈라 추출물 등이 발진현상을 최소화 시켜주며 영양공급 효과가 뛰어난 호스체스넛 추출물이 윤기 있고 탄력 있는 피부로 만들어 준다. 건조하고 노화된 지친 피부에 보습효과가 뛰어나므로 왁싱 후 과각화로 인해 인그로운 생성 예방에 효과적

5. 〈파파인앰플〉 – 왁싱 후 전용 성장 지연제

파파인 효소를 용매와 녹여 사용하는 앰플 타입의 세럼으로 왁싱 후 모의 성장을 더디게 하는 성장억제제인 동시에 왁싱 후 각질 제거 효과도 볼 수 있는 제품

6. ELEVEN OIL (30ml) – 왁싱 후 관리 오일

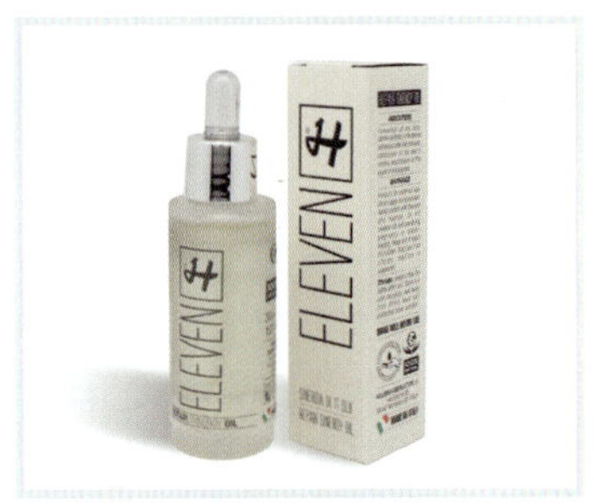

이태리에서는 슈가왁싱 후 세럼으로 주로 사용하고 있으나, 국내에서는 페이스 왁싱 후 민감해진 부분(홍조, 뾰루지 등)에 주로 사용. 진정젤 대신 즉시 오일 세럼을 발라 침투시키면 바로 진정이 되는 오일 타입의 진정세럼

7. Whitening Brazilian Serum – 왁싱 후 관리 세럼

식품의약품안전처에서 인증한 기능성 성분의 함유로 녹차 추출물과 가시오가피 뿌리추출물 등이 포함되어 피부의 진정과 보습 및 미백효과. 특히 미백 스팟 효과로 브라질리언, 겨드랑이, 유두 부위 등 국소적 색소침착에 효과적

8. Salt 〈솔트스크럽〉 – 왁싱 후 전용 Body 스크럽

버터타입 스크럽으로 피부의 열을 통해 서서히 녹
으면서 부드럽게 퍼지는 제형. 풍부한 미네랄을 포
함한 소금이 모공속으로 흡수되어 노폐물을 원활하
게 제거하며 건조한 피부에 영양과 보습을 공급시
켜 주는 왁싱 전용 바디 스크럽

9. Almond〈아몬드스크럽〉 – 왁싱 후 전용 Face 스크럽

사면이 부드럽게 마모된 아몬드 껍질이 함유되어
페이스 및 바디 모두 사용가능. 아몬드 오일의 강력
한 항산화 성분과 풍부한 미네랄 소금이 묵은 각질
과 모공 속 노폐물을 제거시켜 부드럽고 윤기 있는
피부를 만들어 주는 왁싱 전용 스크럽

10. Lemon〈레몬스크럽〉 – 왁싱 후 전용 Body & Face 스크럽

기분을 상쾌하게 만들어주는 은은하고 매력적인 시
트러스 계열의 상큼한 향과 왁싱 후 진정 및 항염효
과에 도움을 주는 카모마일 성분이 함유된 제품으
로서, 자극적이지 않은 부드러운 알갱이로 묵은 각
질 제거와 미백/보습관리에 효과적인 페이스, 바디
모두 사용 가능한 왁싱전용 스크럽

 # 소프트 & 하드 & 비즈 왁스 진열 방법 및 사용 순서

▶ 피부타입 및 부위별 왁스 선택 : 소프트왁스 & 하드왁스 & 비즈왁스

▶ 2구 워머기 : 소프트왁스 → 워머기 온도 85도 – 90도

  하드왁스 & 비즈왁스 → 75도–80도 에 맞춰 놓고, 온도조절 확인하면서 왁싱한다.

▶ 우드 스파츌라 (大 / 小) : 도포범위에 맞게 큰 것과 작은 것을 적절히 선택하여 사용한다.

(예: 넓은범위 : 우드 스파츌라(大) 디테일한 범위나 얼굴부위 사용 시 : 우드 스파츌라(小))

▶ 라텍스장갑 : 위생적으로 왁싱 관리 시 필수이며, 왁스가 손에 묻는 것 또한 방지한다.

▶ 무슬린천 : 소프트 왁스 사용 시 필수 준비 부자재이다.

▶ 화장솜 : 전처리나 후처리 제품도포 시 사용한다.

▶ 트위져 : 왁싱 관리 후 남아있는 잔모(毛)작업 시 필요하다.

▶ 전 처리제 : 피부에 유분감과 노폐물제거 도움으로 왁싱 전 소독 및 왁스에 밀착력을 좋게 해준다.

▶ 진정젤 : 왁싱 관리 후 자극된 피부를 즉각적으로 진정시켜준다.

▶ 잔여물제거오일 : 소프트나 하드왁싱 관리 후 피부에 남아있는 잔여물 왁스를 제거해준다.

▶ 파파인앰플 : 왁싱 후 즉각적으로 열려있는 모공 속으로 침투하여 항염과 모공 속 성장모를 분해 해줌으로써 성장 지연에 도움을 준다.

▶ 일레븐오일 : 왁싱 후 즉각적으로 열려있는 모공 속으로 침투하여 모공속 항염과 진정에 도움을 준다.

▶ 마무리진정로션 : 왁싱 관리 후 마지막으로 보습과 진정에 도움을 준다.

소프트왁스 & 비즈왁스 사용순서

슈가왁스 진열방법 및 사용순서

▶ 모(毛) 두께에 맞는 부위별 슈가왁스 선택

: PURE DIAMOND(연모용)/STARDUST(굵은모용)/DELICATE(솜털용)/SPECIALIST(겨울용)

▶ 2구 워머기 or 슈가전용 1구 워머기 : 슈가왁스 → 워머기 온도 35도 – 40도에 맞춰두고 온도를 확인하면서 왁싱한다.

▶ 리트릴 장갑 : 위생적으로 왁싱 관리 시 필수이며, 라텍스와 다르게 늘어지지 않는 장갑으로 슈가왁싱 전용 장갑이다.

▶ 화장솜 : 전처리나 후처리 제품도포 시 사용한다.

▶ 트위저 : 왁싱 관리 후 남아있는 잔모(毛) 작업 시 필요하다.

▶ 전 처리제 : 피부에 유분감과 노폐물제거 도움으로 왁싱 전 소독 및 왁스의 밀착력을 좋게 해준다.

▶ 탈컴 파우더 : 슈가왁싱은 수용성 이므로 수분기 제거를 위해 왁싱 전 처리 후 사용한다.

▶ 진정젤 : 왁싱 관리 후 자극된 피부를 즉각적으로 진정시켜준다.

▶ 파파인앰플 : 왁싱 후 즉각적으로 열려있는 모공 속으로 침투하여 항염과 모공 속 성장모를 분해 해줌으로써 성장 지연에 도움을 준다.

▶ 일레븐 오일 : 왁싱 후 즉각적으로 열려있는 모공 속으로 침투하여 모공 속 항염과 진정에 도움을 준다.

▶ 마무리진정로션 : 왁싱 관리 후 마지막으로 보습과 진정에 도움을 준다.

슈가왁스 사용순서

슈가 왁스 사용순서

유/수분 제거

Holiday Pre waxing lotion

탈컴 파우더

Holiday 슈가왁스 시술

Sugarpaste Strong
Sugarpaste Soft

파파야 성장지연제 도포
모의 성장 억제

Papain Inhibitor Ampoule

진정겔로 왁싱 후 열려있는
모공과 붉어진 피부진정

Holiday Refreshing Gel
lotion

피부에 수분과 영양을 공급

Holiday post waxing milk

 # 뷰티왁싱 전 기초상식 및 주의사항

뷰티왁싱 전 기초 상식

왁싱 시술 전 시술자가 꼭 알아야 하는 것 중에 고객의 상태를 정확하게 파악해야 하는 부분은 가장 중요하다. 예를 들어 호르몬이나 유전으로 인한 피부질환 및 특이 사항을 꼭 체크해서 왁싱이 가능한지의 여부와 고객에 맞는 왁싱 시술 방법, 왁싱이 필요한 모(毛)인지, 불필요한 모(毛)인지 정확히 판단하고 시술을 하는 것이 중요하다.

※ 왁싱 시술이 부적절한 체모질병의 예

▶ 다모증의 원인과 증상(호르몬 관련)

다모증은 호르몬에 관련된 질병의 일종이다. 유전적인 요인도 있으나 그밖에 생활환경이나 신체적 변화로 인해 생기는 경우도 있다. 가장 흔한 예를 들면 임신, 스트레스, 호르몬과 관련된 특정 약물복용 등 이 있다. 말 그대로 유난히 체모가 과다하게 많은 질병을 말한다. 왁싱 후에 털이 더 많이 난다는 경우를 들어본 적 있을 것이다. 이 같은 경우는 다모증을 의심해 볼 수 있다. 다모증의 가장 큰 원인은 남성호르몬인 안드로겐의 자극과 내분비계의 변화로 오는 증상이다.

다모증과 비슷한 예로 모발과다증이 있다. 모발과다증은 말 그대로 모발이 보통이상으로 많이 나는 증상을 말하지만, 이것은 호르몬에 의한 증상이 아니며, 문화와 인종 성별에 따라 차이는 있으나, 호르몬에 관련된 질병은 아니다.

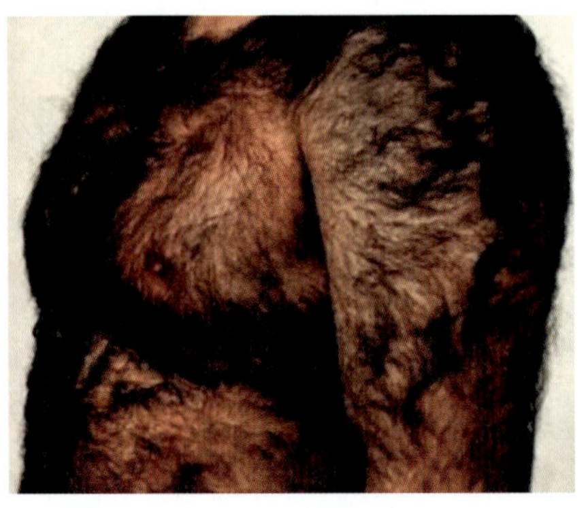

▶ 왁싱 관리 전 초보자는 피부에 대한 지식이나 왁싱에 대한 경험이 없을 경우 아래 사진과 같이 피부 자극과 화상의 위험이 있으므로 주의해야 한다.

▶ 반드시 전문가의 도움을 받아 관리를 진행하거나 왁싱 전문 샵에서 관리를 받아보는 것이 많은 도움이 된다.

▶ 대부분 초보자의 실수는 잘못된 텐션과 왁스도포의 균일하지 못함 또는, 온도조절의 미숙함으로 이루어진다.

▶ 인체의 예민한 부분, 예를 들어 허벅지 안쪽이나, 굴곡이 있는 무릎, 접히는 부위인 겨드랑이 등의 부위는 조금씩 왁싱 관리를 하는 것이 포인트다.

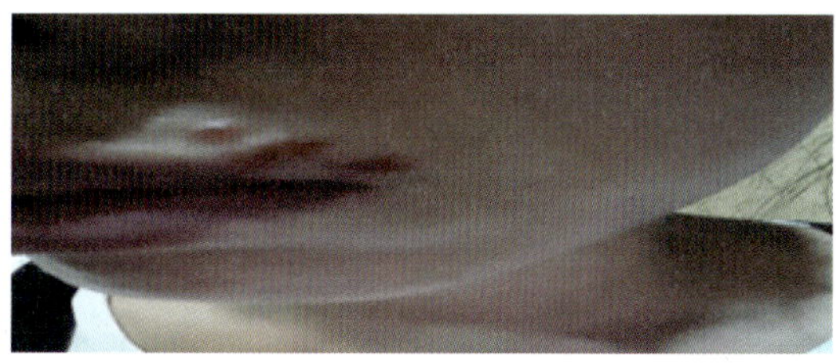

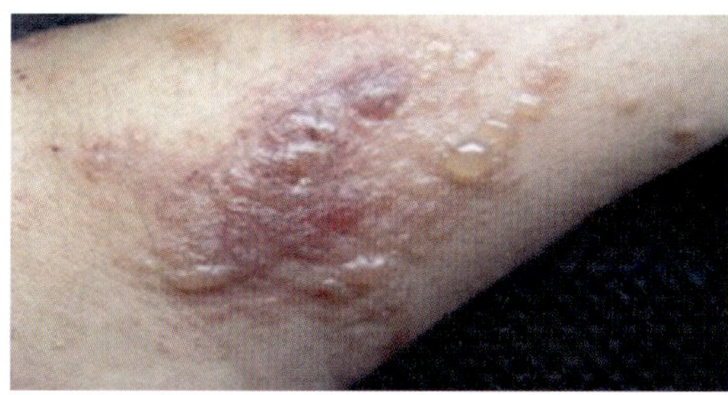

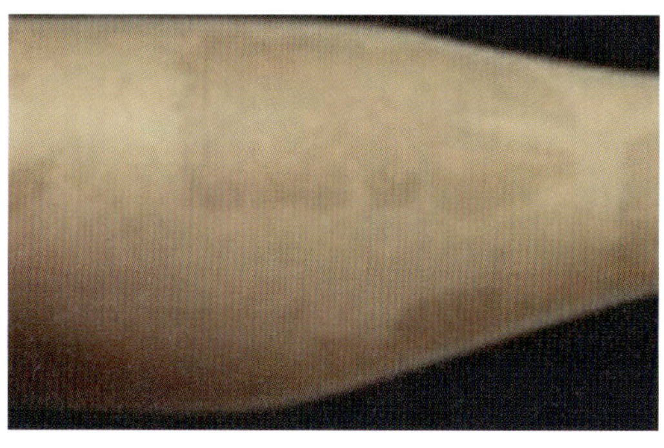

부위별 뷰티 왁싱 시술 방법

다리 (소프트왁스)

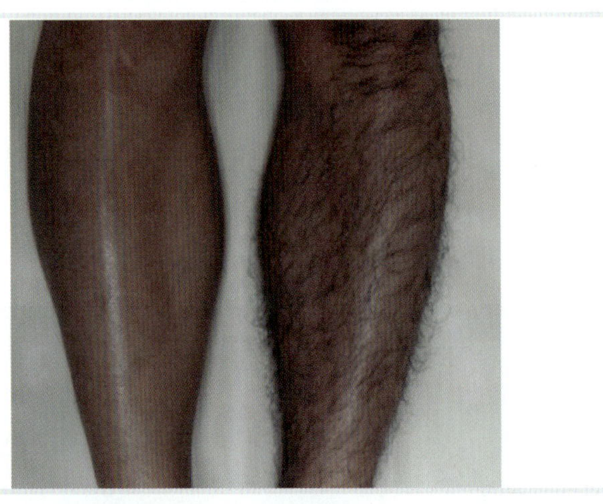

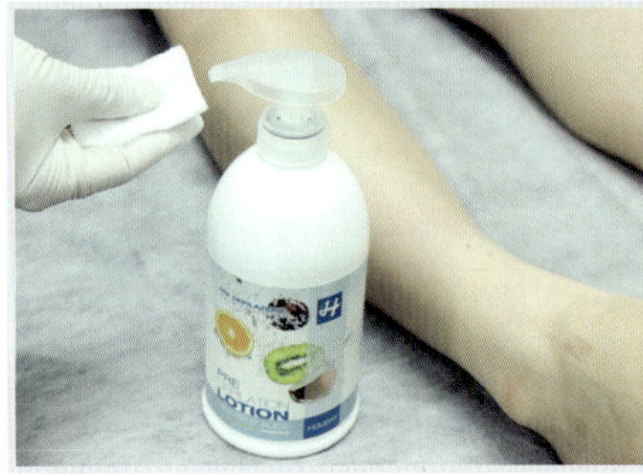

① 왁싱 전 시술할 부분을 전처리제로 꼼꼼히 유/수분 제거 및 클렌징의 효과와 소독을 해주는 과정이다.

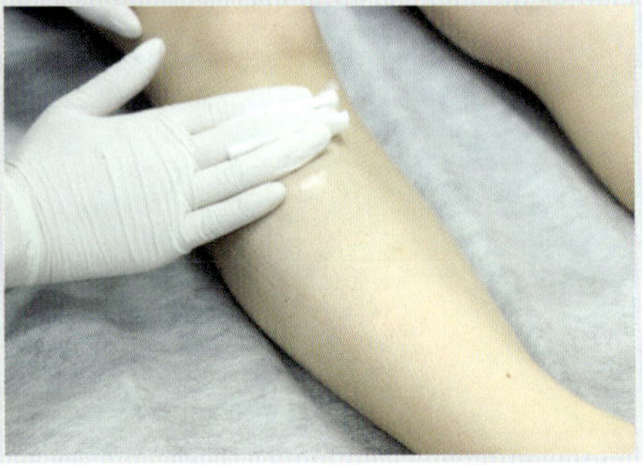

② 전처리제를 도포하면서 모의 방향을 확인하고 정리한다.

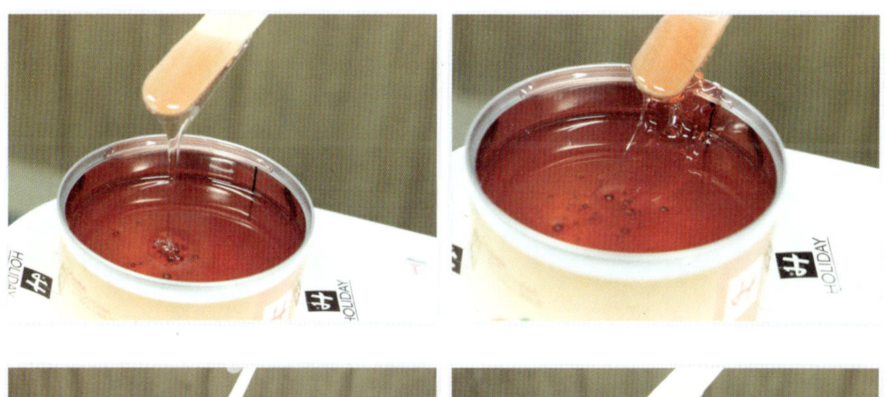

③∼⑥ 소프트왁스의 점성도를 확인 후 부직포(무슬린천) 가로 넓이에 비슷하게 6∼7cm정도의 넓이로 우드 스파츌라로 뜬 다음 위의 사진과 같이 왁스가 바닥에 떨어지지 않도록 양쪽 옆과 뒤 부분은 긁어낸다(윗부분만 원하는 양만큼 조절하여 뜨는 것이다).

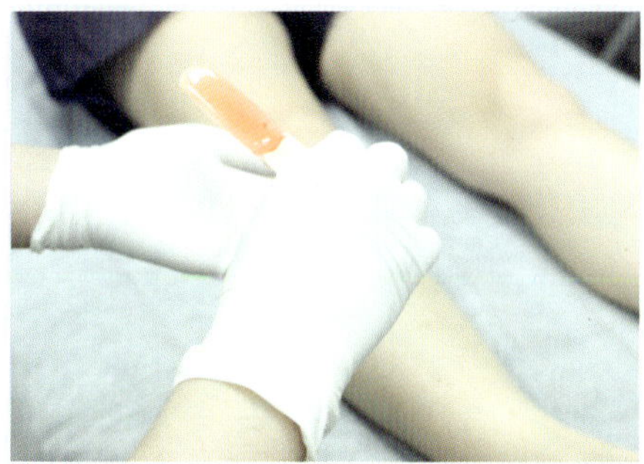

⑦ 왁스 워머기에서 관리하는 곳까지 흐르지 않도록 손으로 받친 다음 이동하여 해당부위에서 관리를 시작한다.

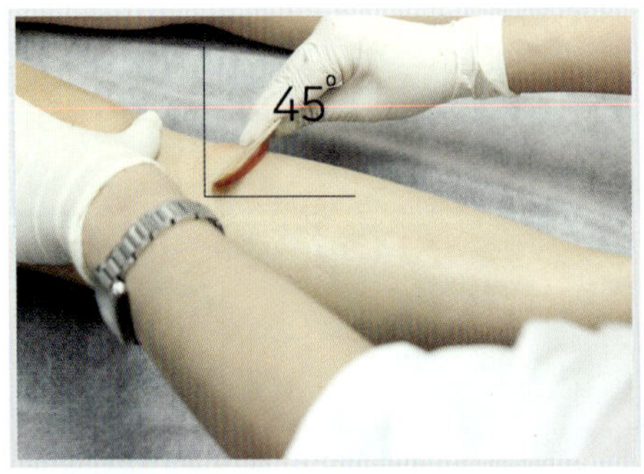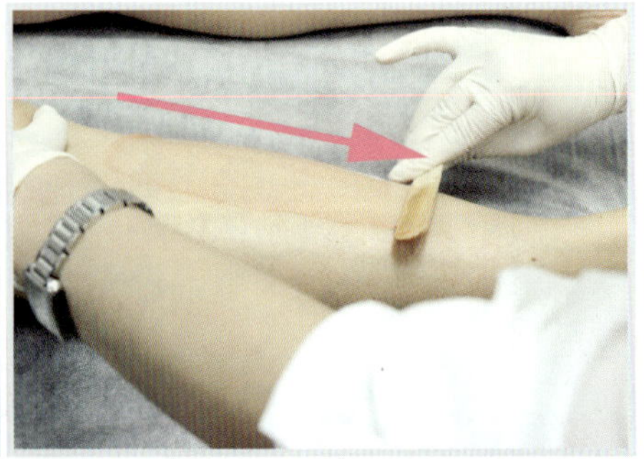

⑧~⑨ 피부가 밀려 따라오지 않도록 왁스를 바르는 반대방향으로 피부를 고정시킨 후 우드스틱은 사진과 같이 45도의 각도로 기울여서 피부에 밀착할 수 있도록 적당한 힘을 주면서 도포하며 내려온다(이때 가장 중요한 것은 도포가 일정해야하며, 빠르게 식는 왁스의 성질을 이해하고 신속하고 정확하게 도포해줘야 한다).

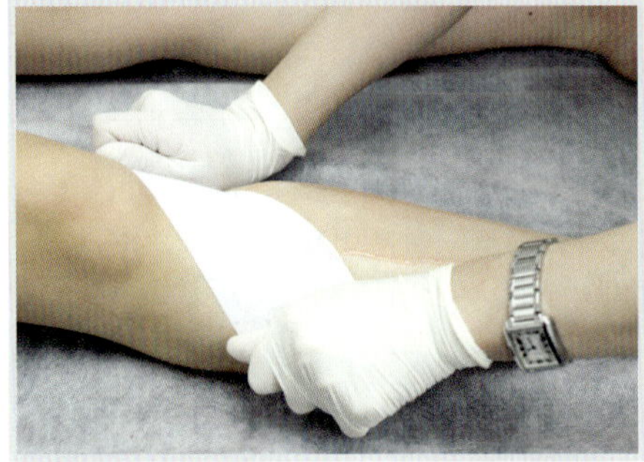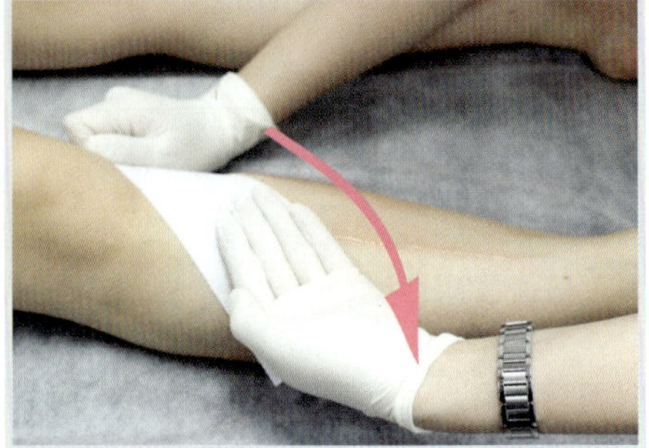

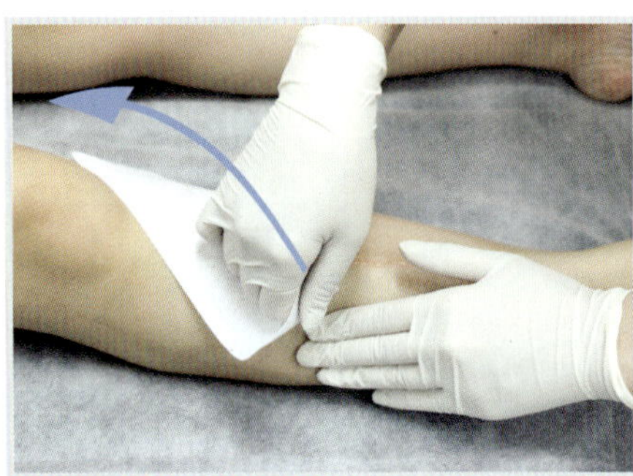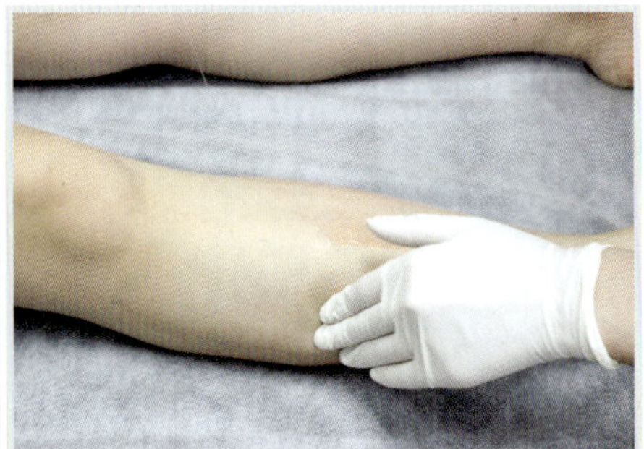

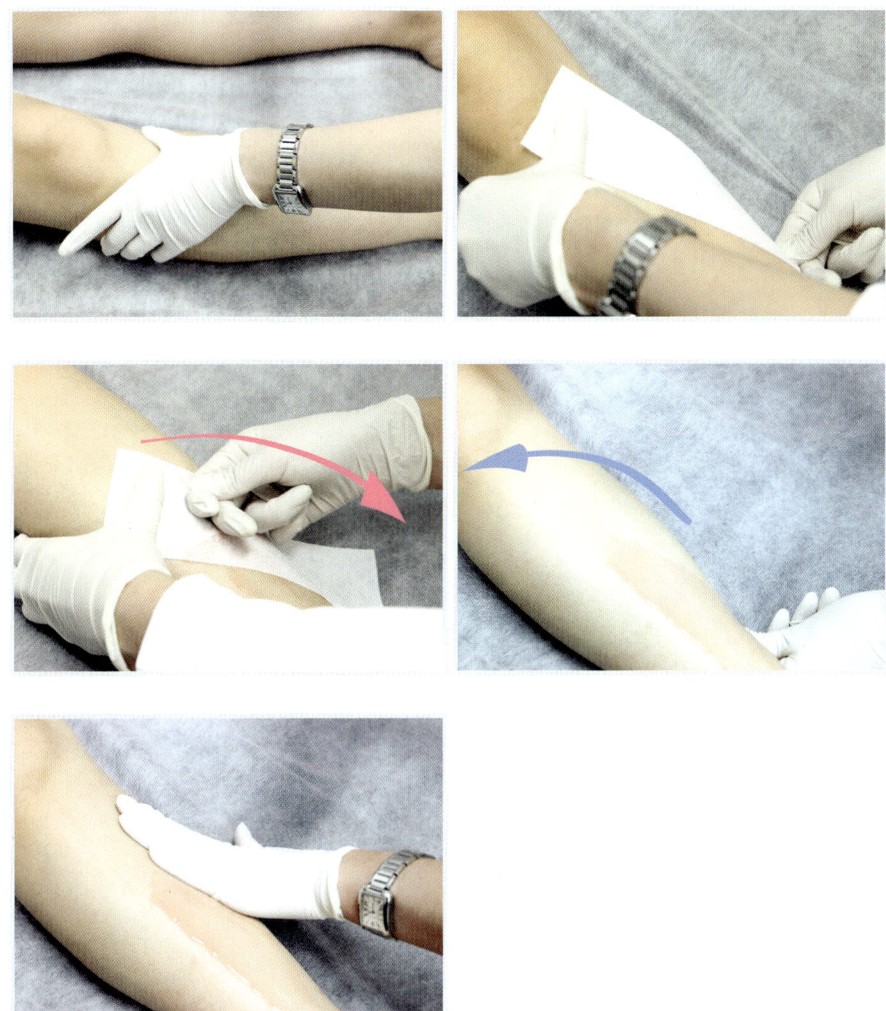

⑩～⑱ 넓은 부위에 한번에 하기보다는 위에 사진과 같이 대각선으로 점점 좁혀가며 관리하는 것이 피부자극을 최소화 하는 방법 중 하나이다. 지그재그 방향으로 점차 내려가며 관리를 하며 항상 밀착 후 부직포(무슬린천)를 위의 방향으로 떼어낼 때는 반대편 텐션과 후에는 반대편 손으로 진정을 꼭 해주는 것이 좋다.

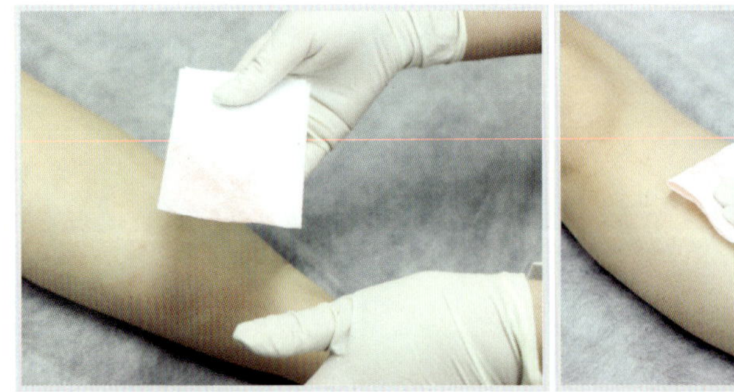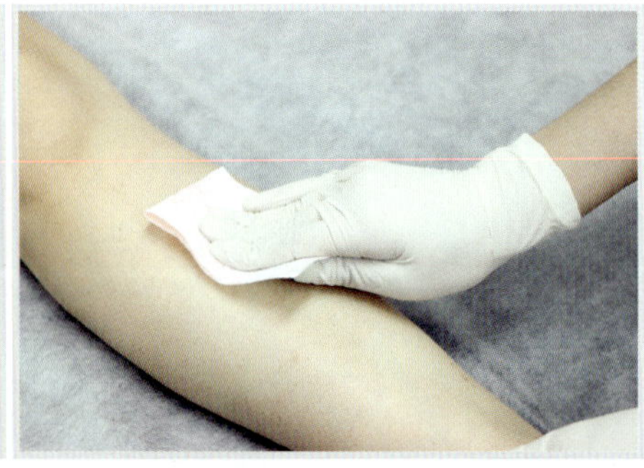

⑲∼⑳ 소프트 왁싱 관리 후 남은 잔여왁스는 위의 사진과 같이 사용한 부직포(무슬린천)를 반으로 접어 떼어내면 깔끔하게 제거가 가능하다.

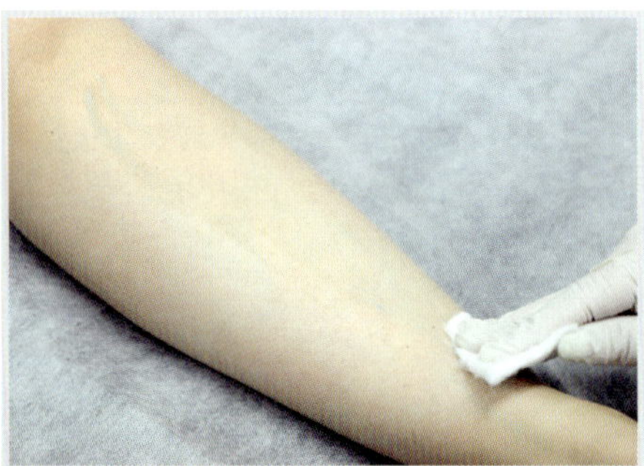

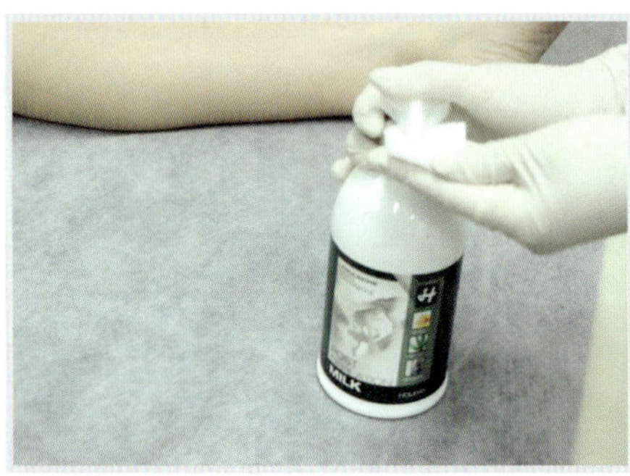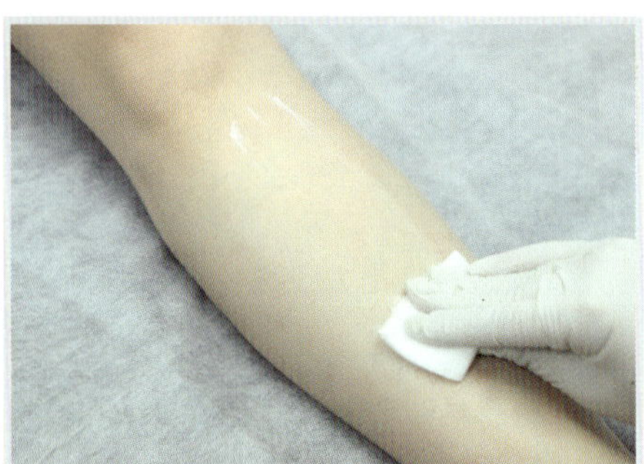

 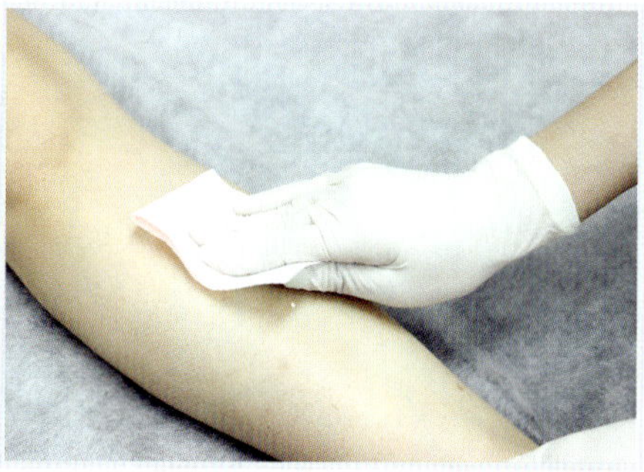

㉑～㉖ 왁싱관리 후 자극받은 피부와 모공을 즉각적인 진정효과에 탁월한 진정겔과 항염과 보습에 효과적인 왁싱전용 밀크로션을 바른 후 마무리 해준다.

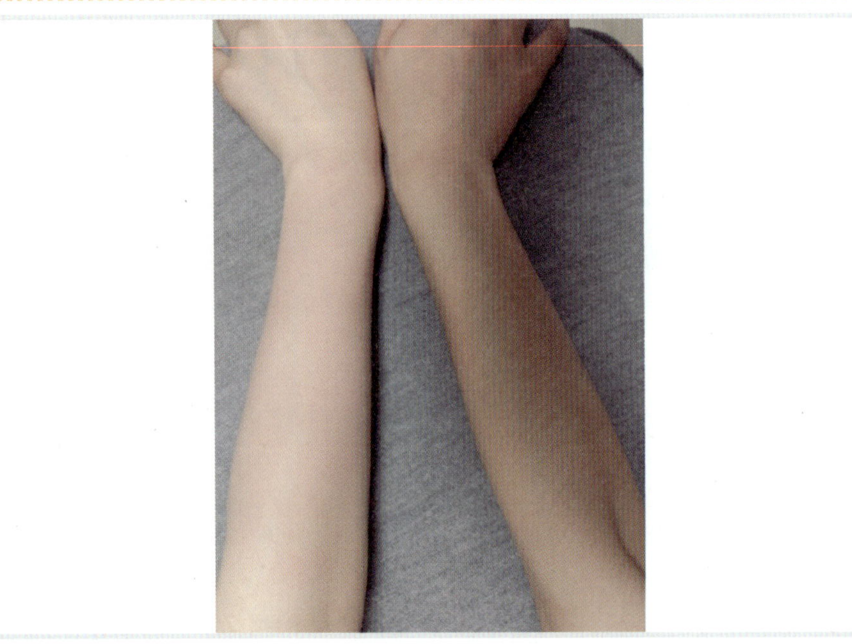

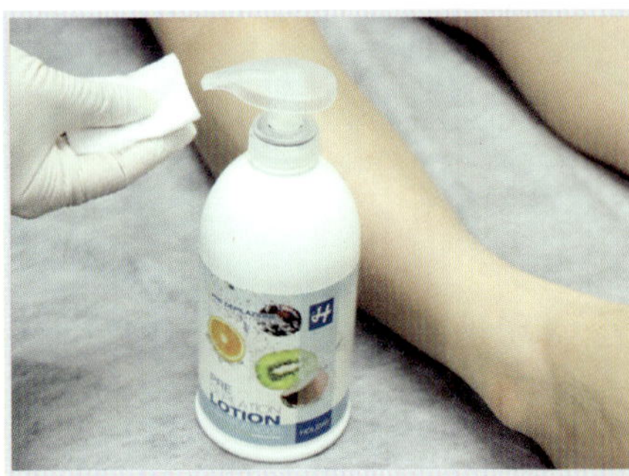

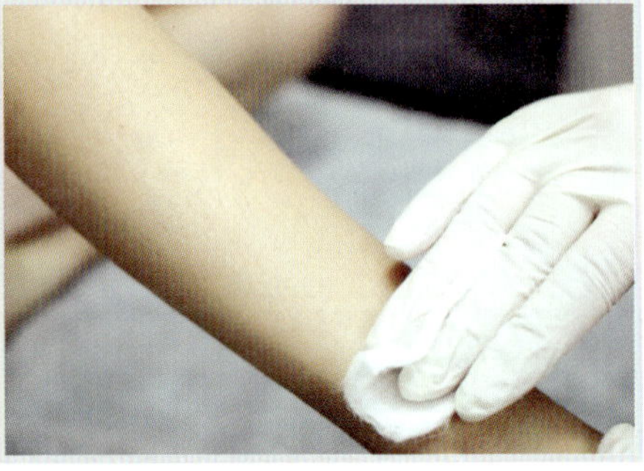

① 왁싱 전 관리 할 부분을 전처리제로 꼼꼼히
유 · 수분 제거 및 클렌징의 효과와 소독을
해주는 과정이다.

② 전처리제를 도포하면서 모의 방향을 확인
하고 정리한다.

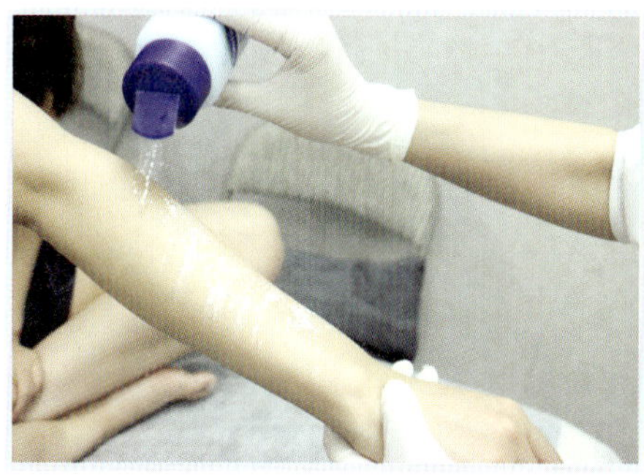 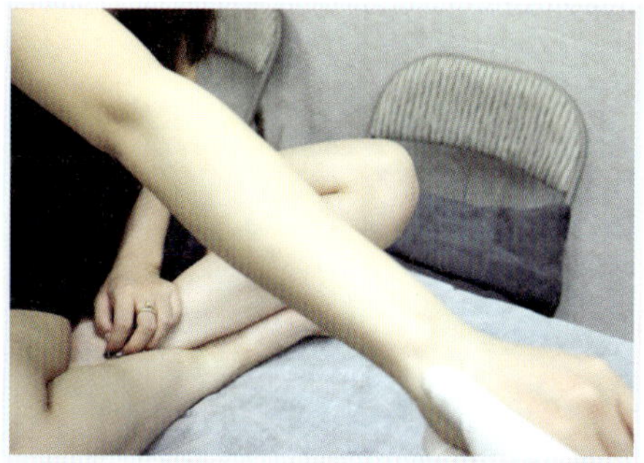

③〜④ 슈가왁스는 수용성 이므로 피부에 왁스가 밀착이 잘 될 수 있게 파우더를 도포함으로써 피부에 남은 유·수분 감을 한번 더 제거한다.

 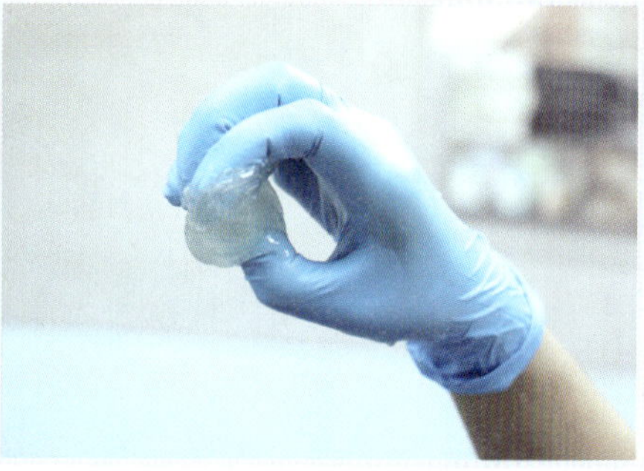

⑤〜⑥ 모의 두께에 따라 슈가왁스(굵은모, 얇은모)를 위와 같이 원을 그리듯 믹싱을 하면서 관리자가 핸들링 할 수 있는 점도 조절을 해준다.

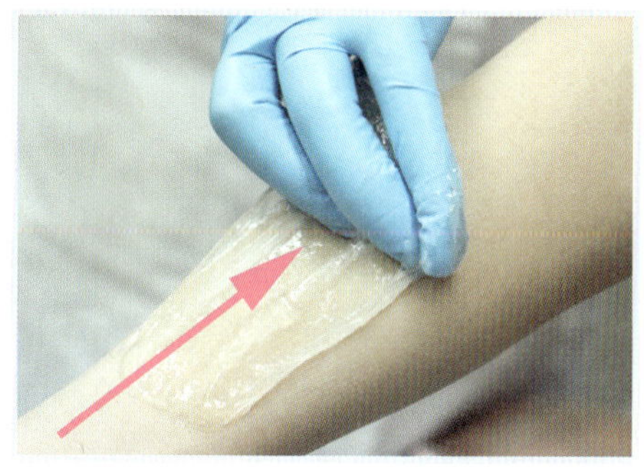 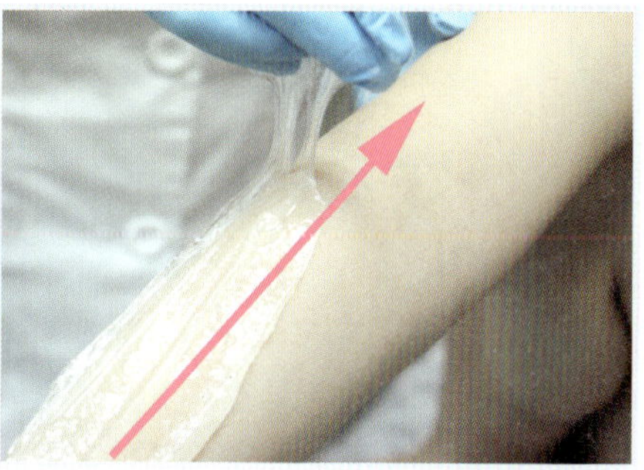

⑦ 슈가왁싱 관리방법은 하드나 소프트왁스와 다르게 모(毛)의 반대방향으로 도포하여 모(毛)의 방향으로 제거해주는 방법이다.

⑧ 도포 시 주의 할 점은 위에 사진과 같이 슈가왁스를 도포하는 과정 중에 다른 모들이 끌려와 당기는 통증을 방지하기 위해 조심히 끌고 와야 한다.

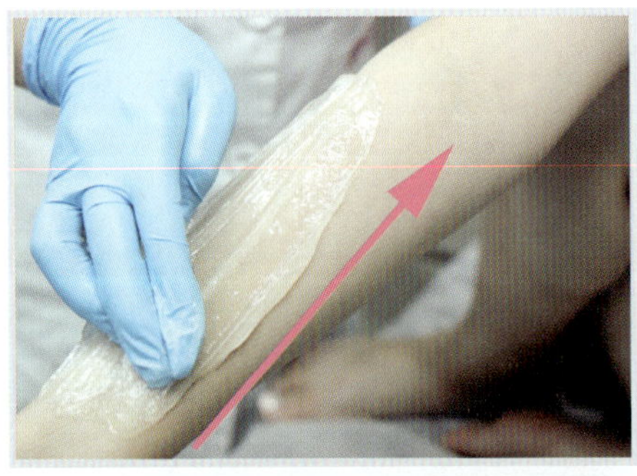

⑨ 피부온도로 인해 설탕이 충분히 녹아 밀착이 될 수 있으므로 굳이 힘을 주어 도포 하지 않고 엊어준다는 느낌으로 반복3번을 도포해준다.

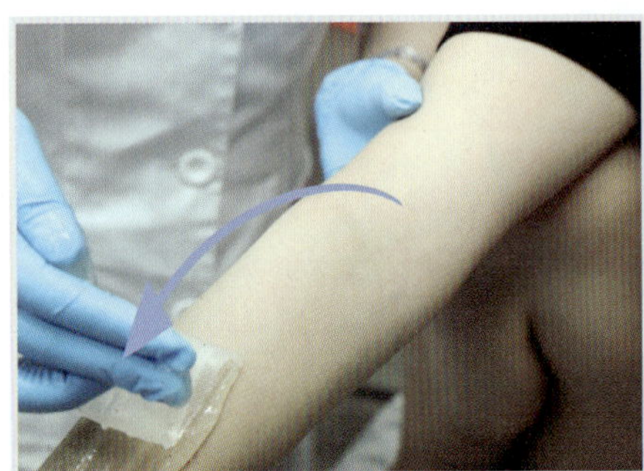
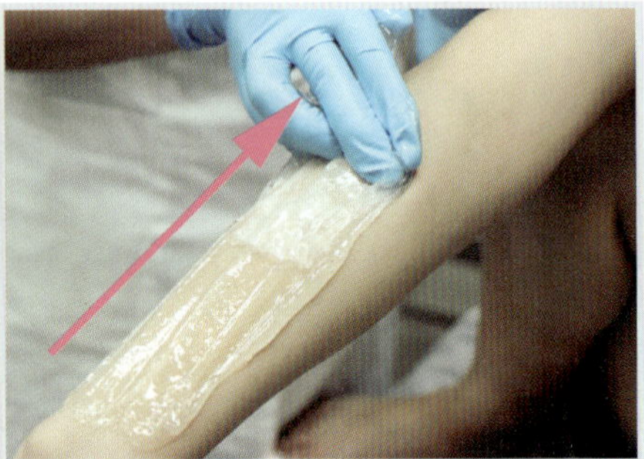

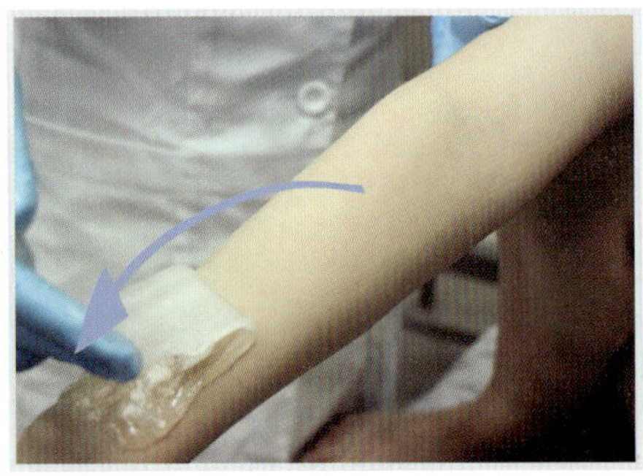
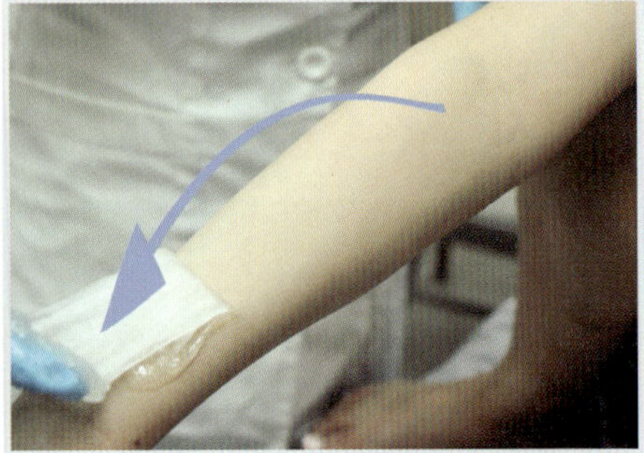

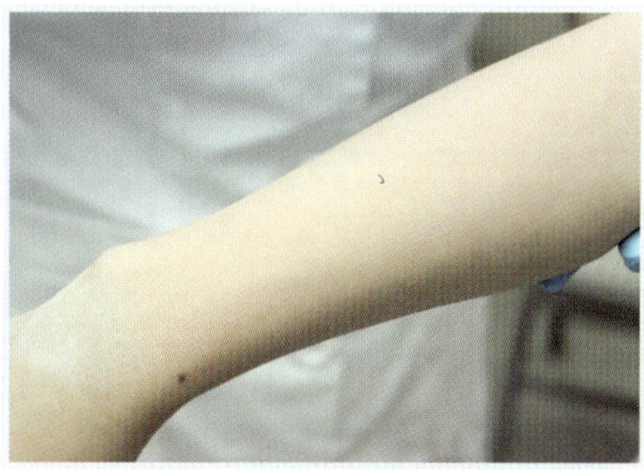

⑩~⑭ 제껴서 때어낸다는 느낌으로 위 사진과 같이 손에 힘을 주지 않고 스냅을 이용해 나뉘어 떼어 낸다.

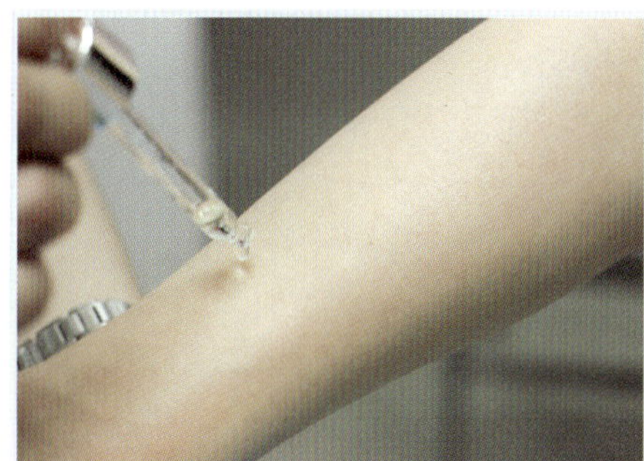

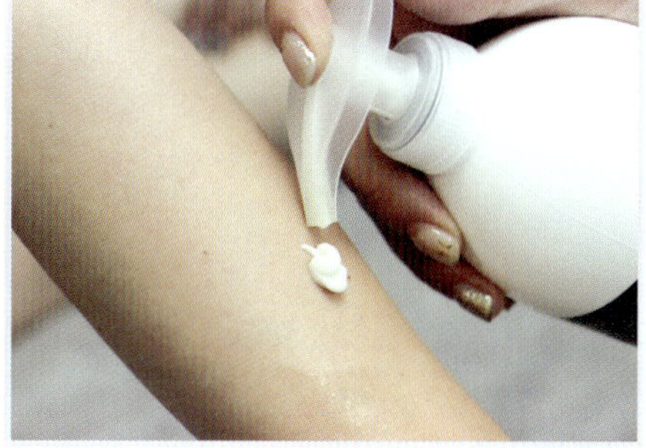

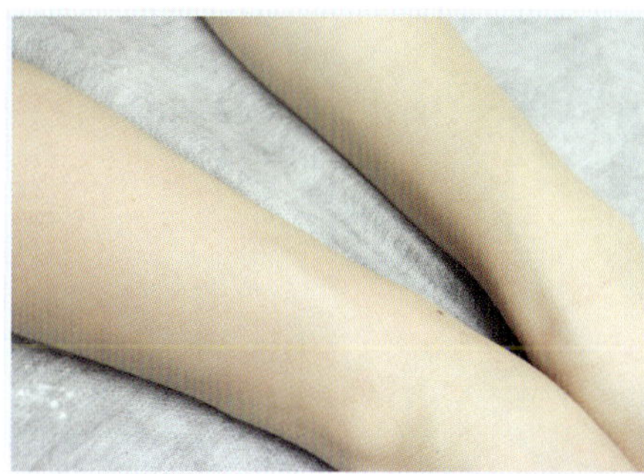

⑮~⑰ 팔 왁싱 관리가 끝난 후에는 자극받은 피부와 모공을 진정 시켜주기 위해 항염과 보습에 도움을 주는 왁싱전용 일레븐오일과 밀크로션을 도포해 마무리 해 준다.

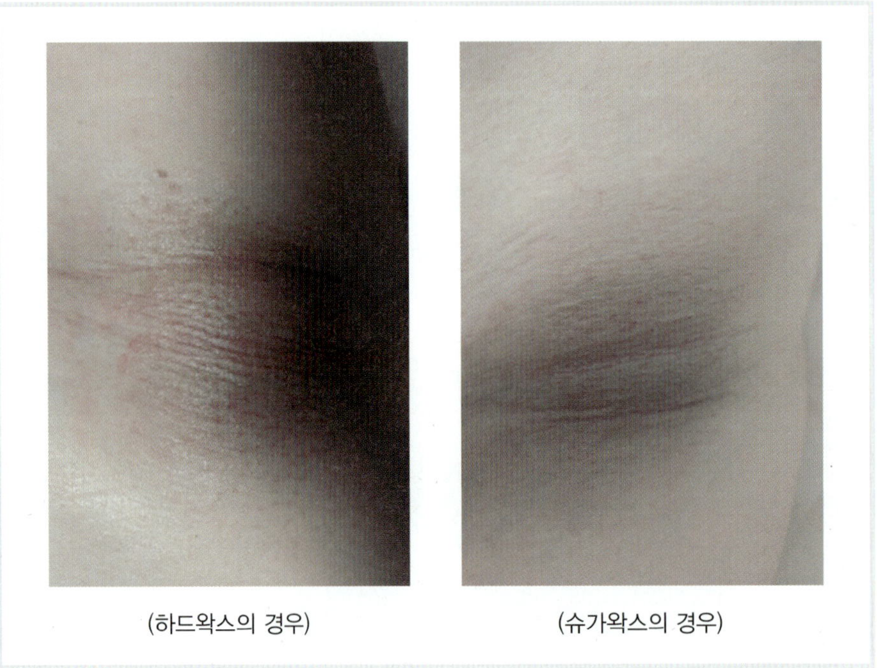

(하드왁스의 경우)　　　　　(슈가왁스의 경우)

1. 하드왁스 : 겨드랑이

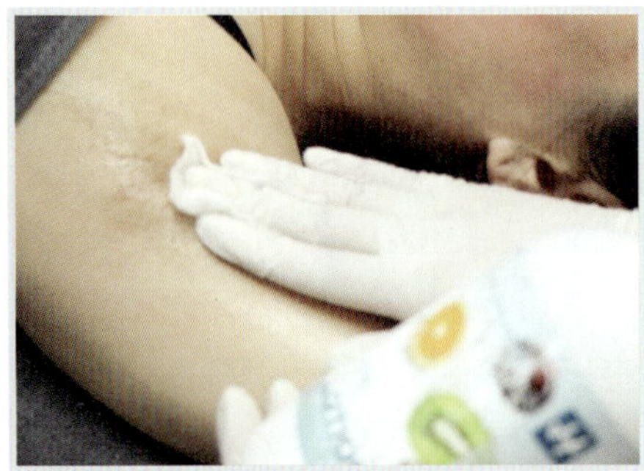

① 왁싱 전 관리 할 부분을 전처리제로 꼼꼼히 유·수분 제거 및 클렌징의 효과와 소독을 해주는 과정이다. 전처리제를 도포하면서 모의 방향을 확인하고 정리한다.

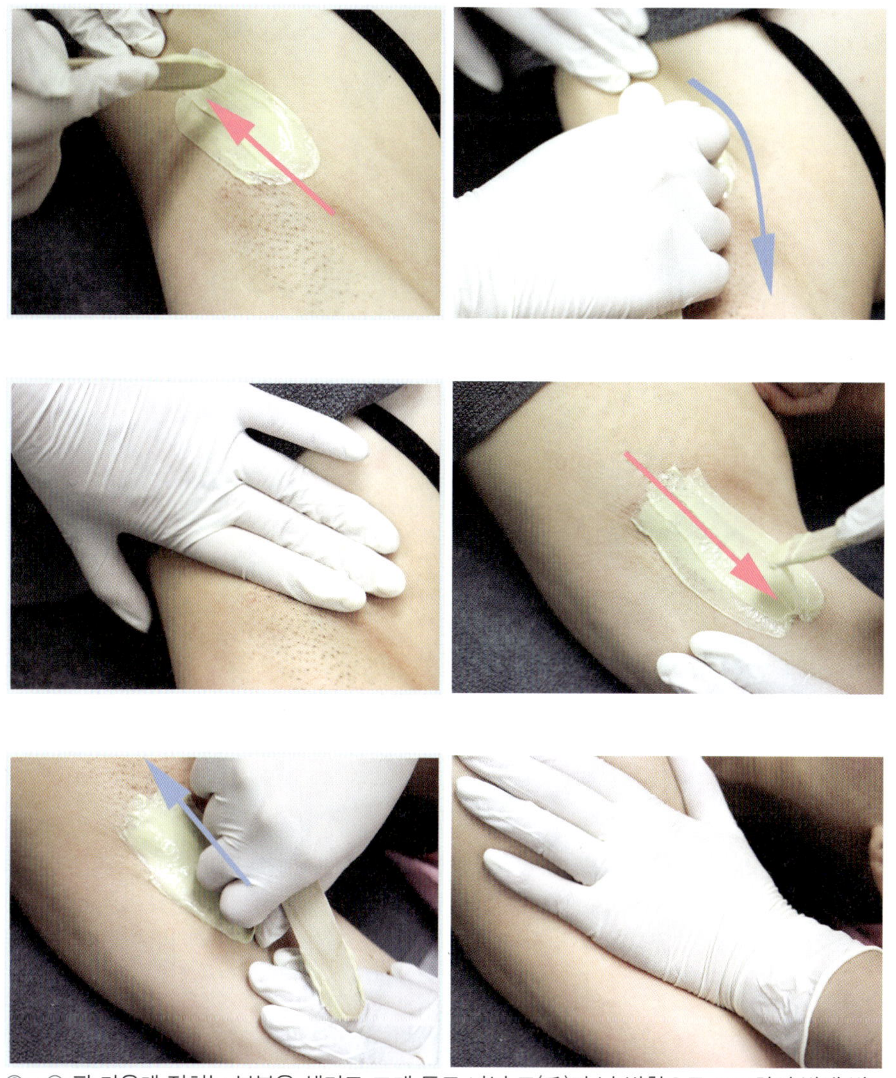

②∼⑦ 팔 가운데 접히는 부분을 센터로 크게 둘로 나눠 모(毛)가 난 방향으로 도포하여 반대 방향으로 제거한 후 진정을 해준다. 양쪽 다 같은 방법으로 왁싱 관리를 진행한다.

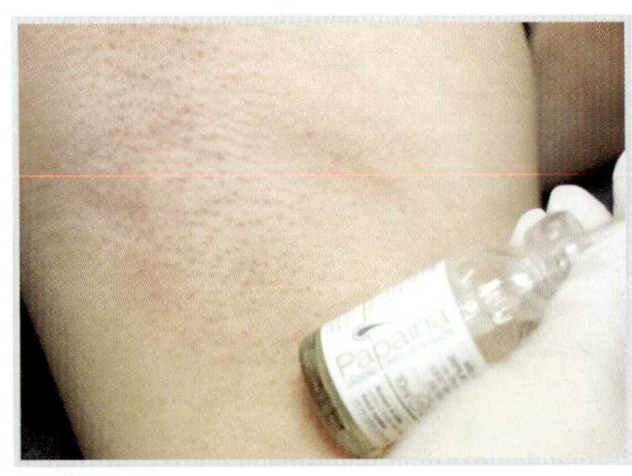
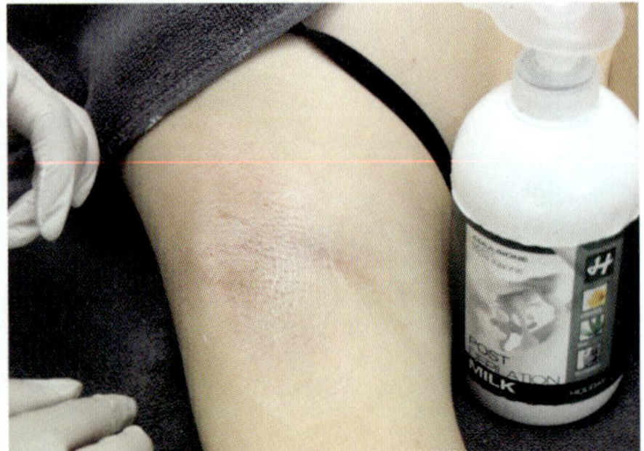

⑧~⑨ 왁싱 관리 후 열려있는 모공에 성장을 지연해주는 앰플과 진정보습에 도움을 주는 밀크 로션을 바른 후 마무리 해준다.

2. 슈가왁스 : 겨드랑이

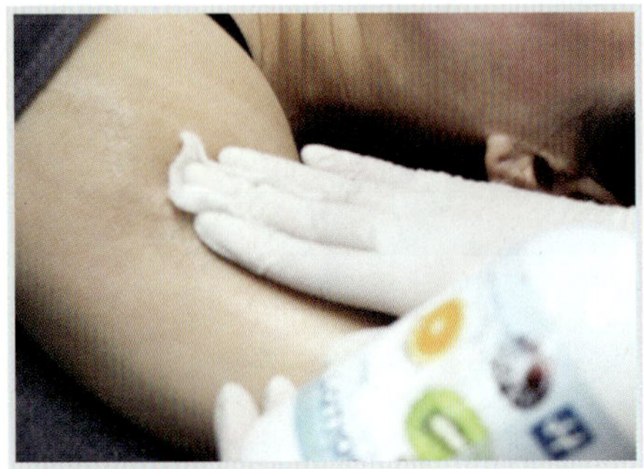

① 왁싱 전 관리 할 부분을 전처리제로 꼼꼼히 유·수분 제거 및 클렌징의 효과와 소독을 해주는 과정이다. 전처리제를 도포하면서 모의 방향을 확인하고 정리한다. 슈가왁스는 수용성이므로 피부에 왁스가 밀착이 잘 될 수 있게 파우더를 도포함으로써 피부에 남은 유·수분 감을 한 번 더 제거한다.

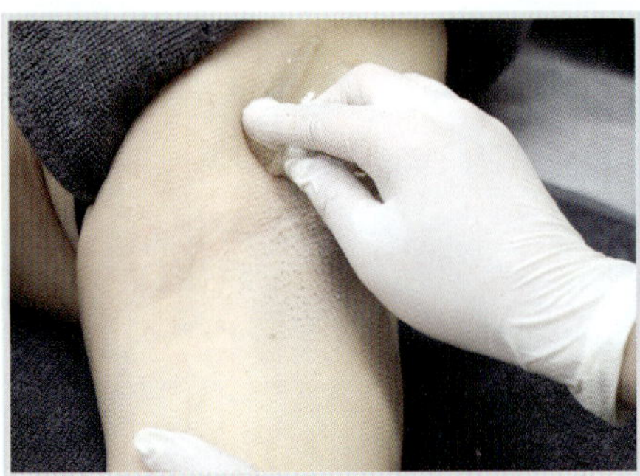
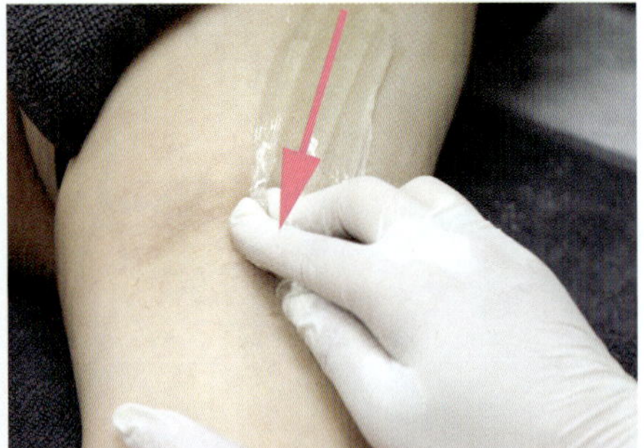

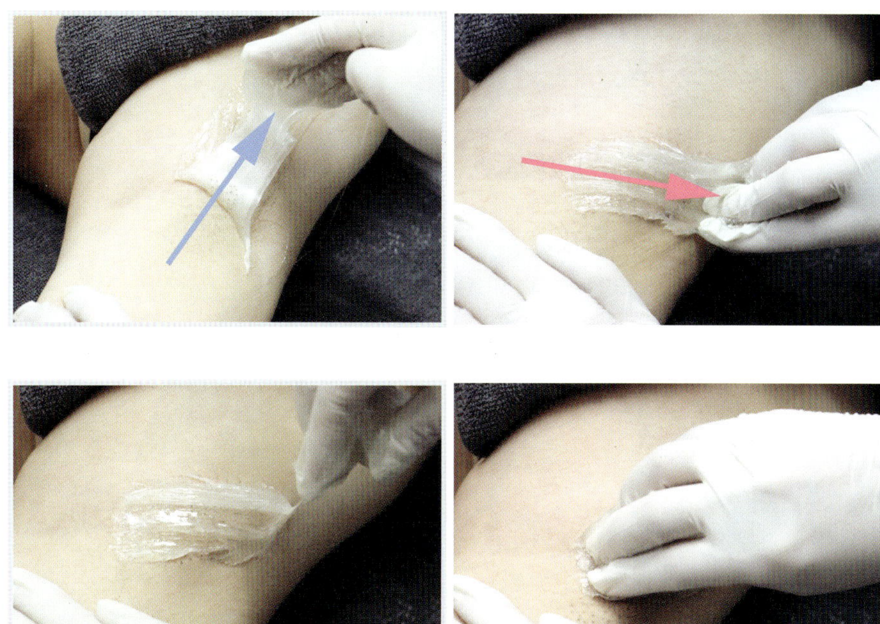

②~⑦ 하드왁스와 다르게 모(毛)의 반대방향으로 도포하여 모(毛)가 자라난 방향으로 스냅을
이용해 제거 한다.

(이때 슈가왁스는 여러 번 반복 도포가 가능하므로 트위져(쪽집게)작업 없이 여러 방향으로 틀
어진 모의 방향을 잡아 왁싱만으로 완벽하게 제거가 가능하다.)

Face LINE & Full FACE (하드왁스)

Face Waxing 도포방향 및 제거방향

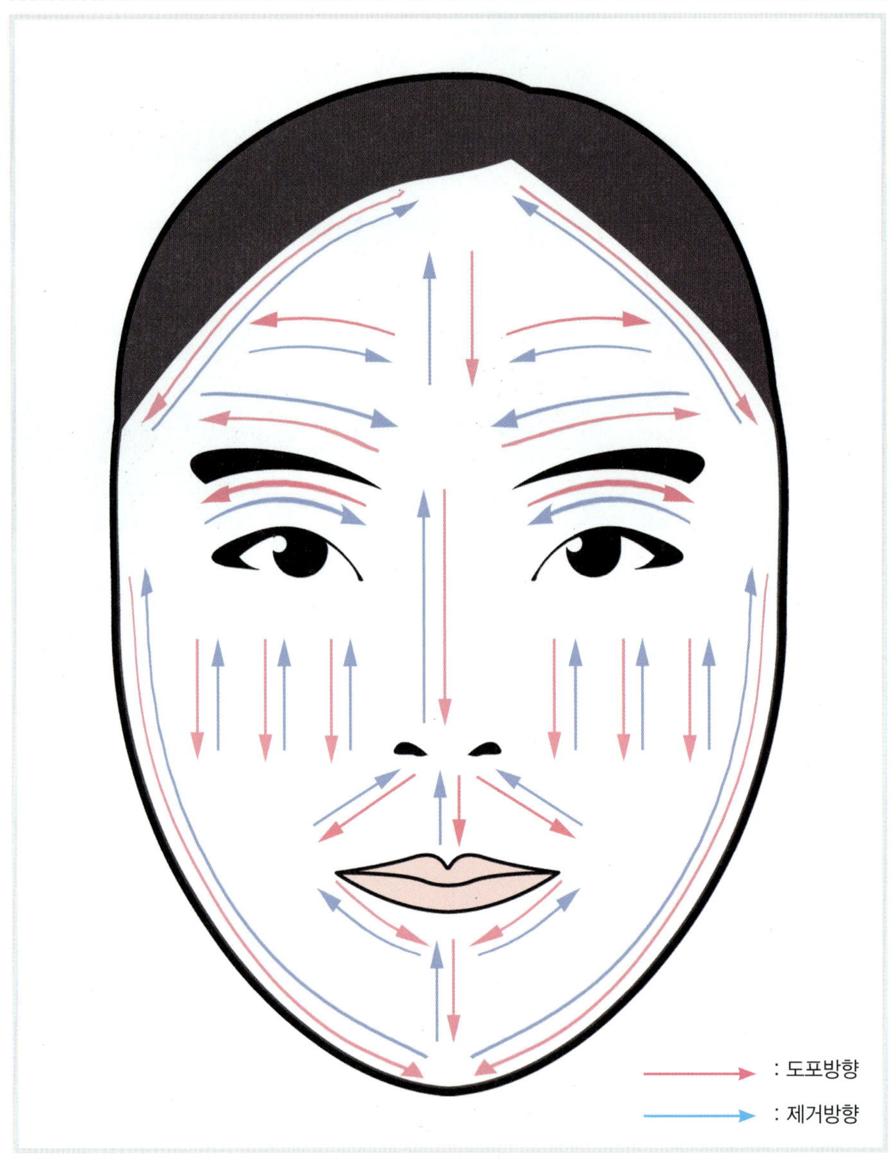

Face Waxing 도포부위 순서 방법

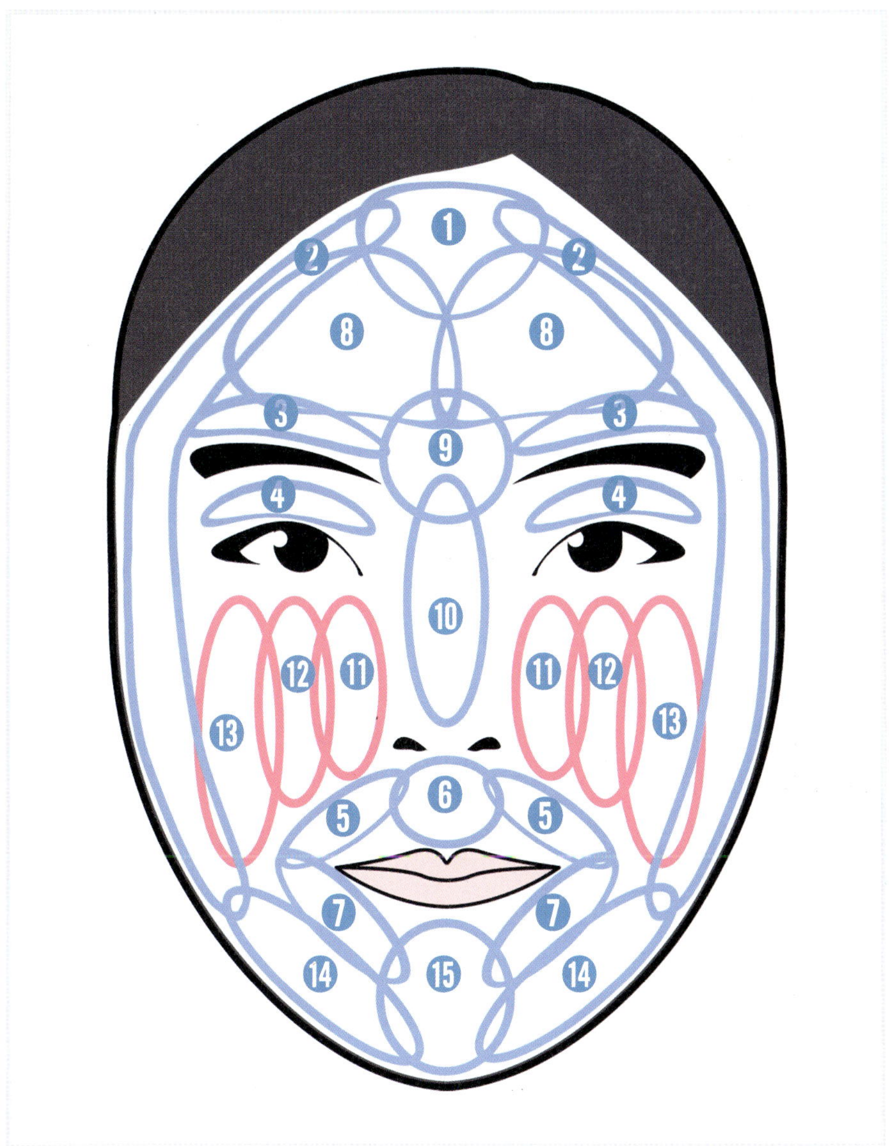

1. 헤어라인

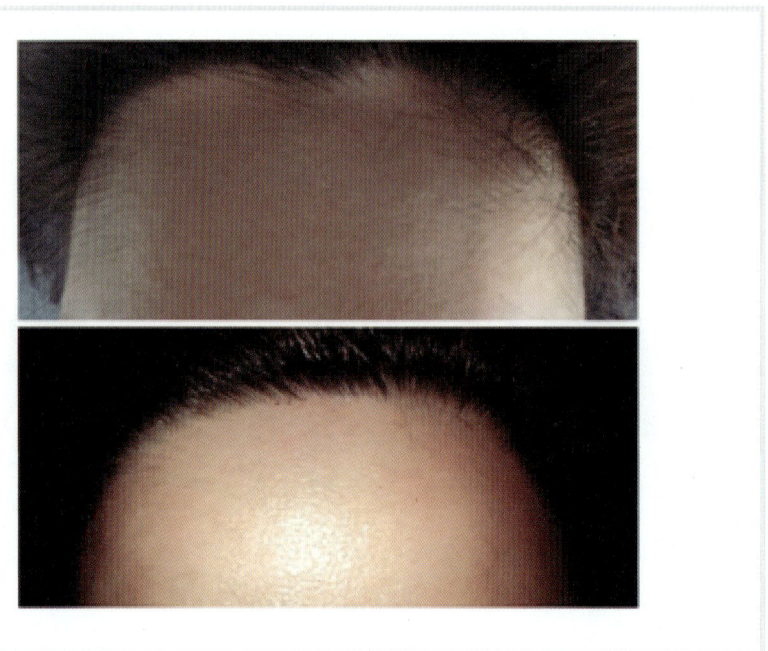

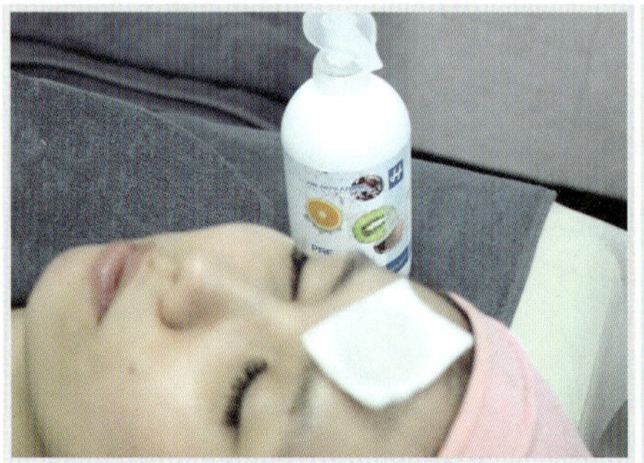

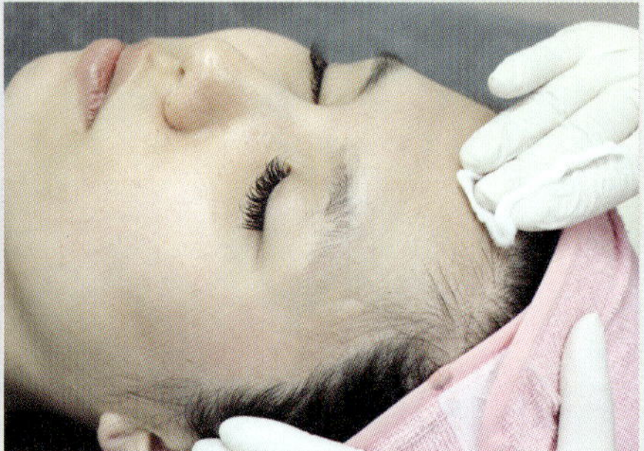

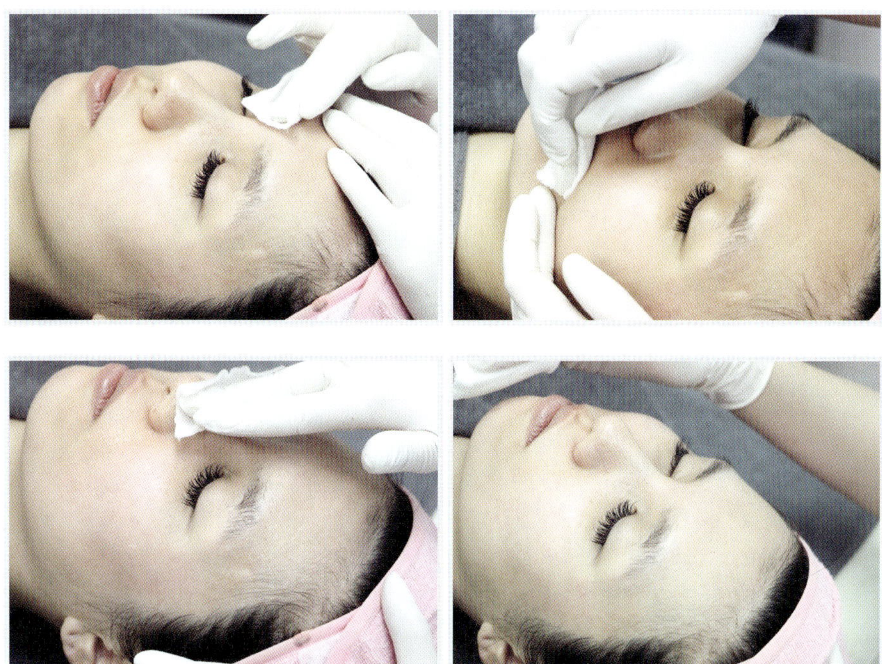

①～⑥ 왁싱 전 관리 할 부분을 전처리제로 꼼꼼히 유·수분 제거 및 클렌징의 효과와 소독을 해주는 과정이다. 풀페이스를 진행하기 위해 얼굴전체에 깨끗이 도포 후 피지량이 많은 얼굴부위는 마른솜으로 다시 한 번 깨끗이 닦아준다.

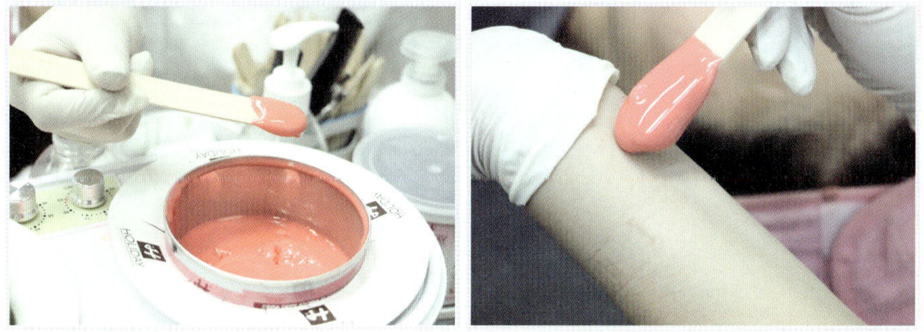

⑦～⑧ 디테일한 얼굴 부위 왁싱은 小자 우드스틱으로 왁스를 적당량 뜬 후 팔 안쪽에 갖다 대어 온도 조절을 한 후 왁싱 관리를 진행하는 것이 좋다.

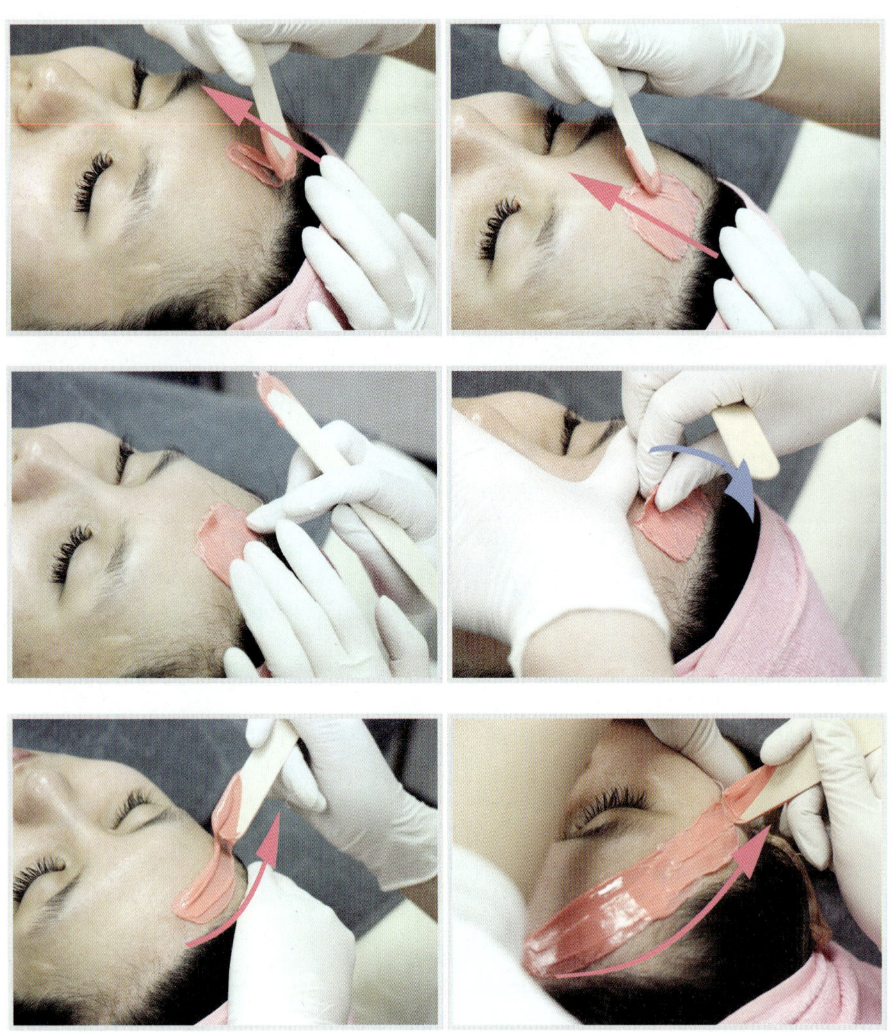

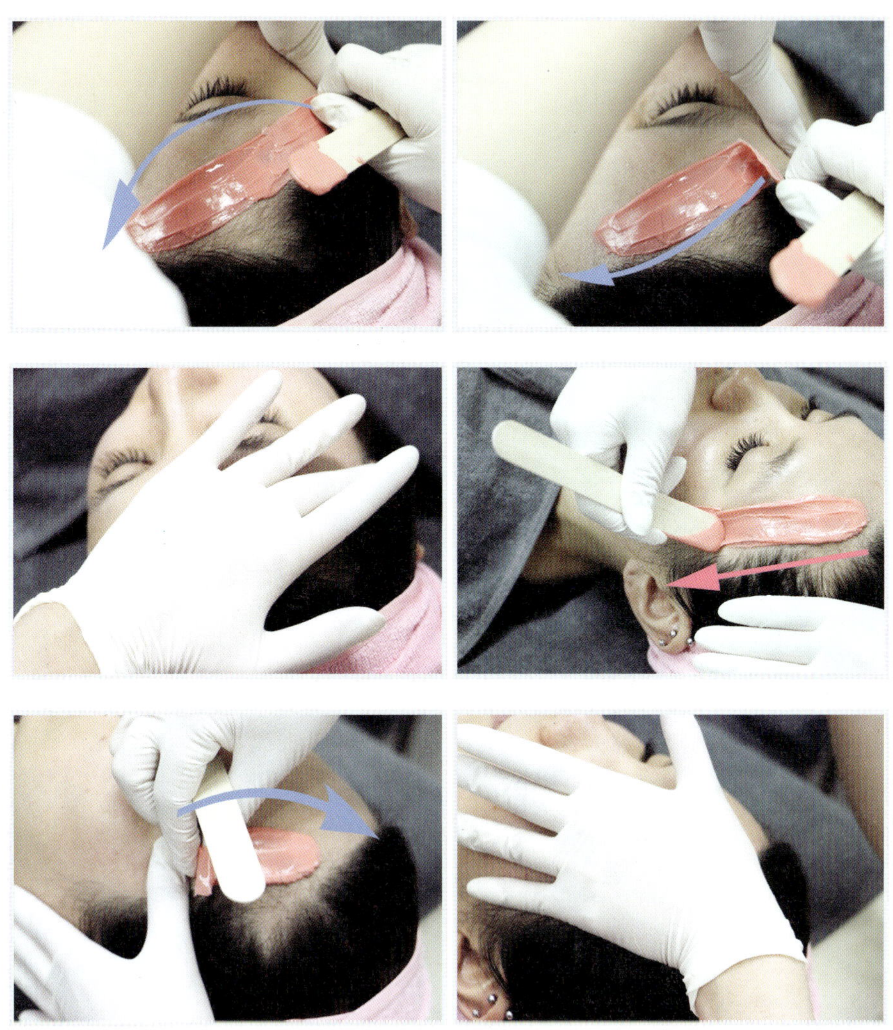

⑨〜⑳ 위의 일러스트그림을 보면서 사진의 모습을 참고하여 부위별 도포방향과 제거 방향을 확인하면서 진행한다. 이때 가장 중요한 것은 왁스를 제거한 후 반드시 진정을 해주는 것이다.

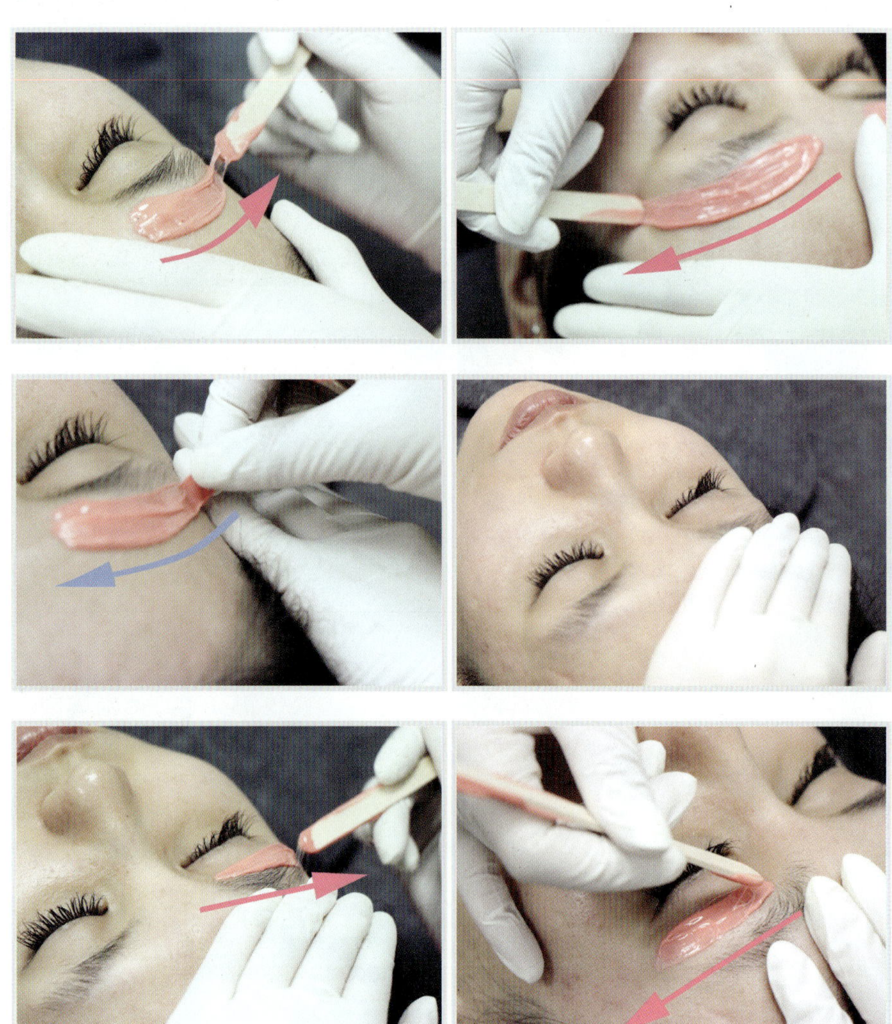

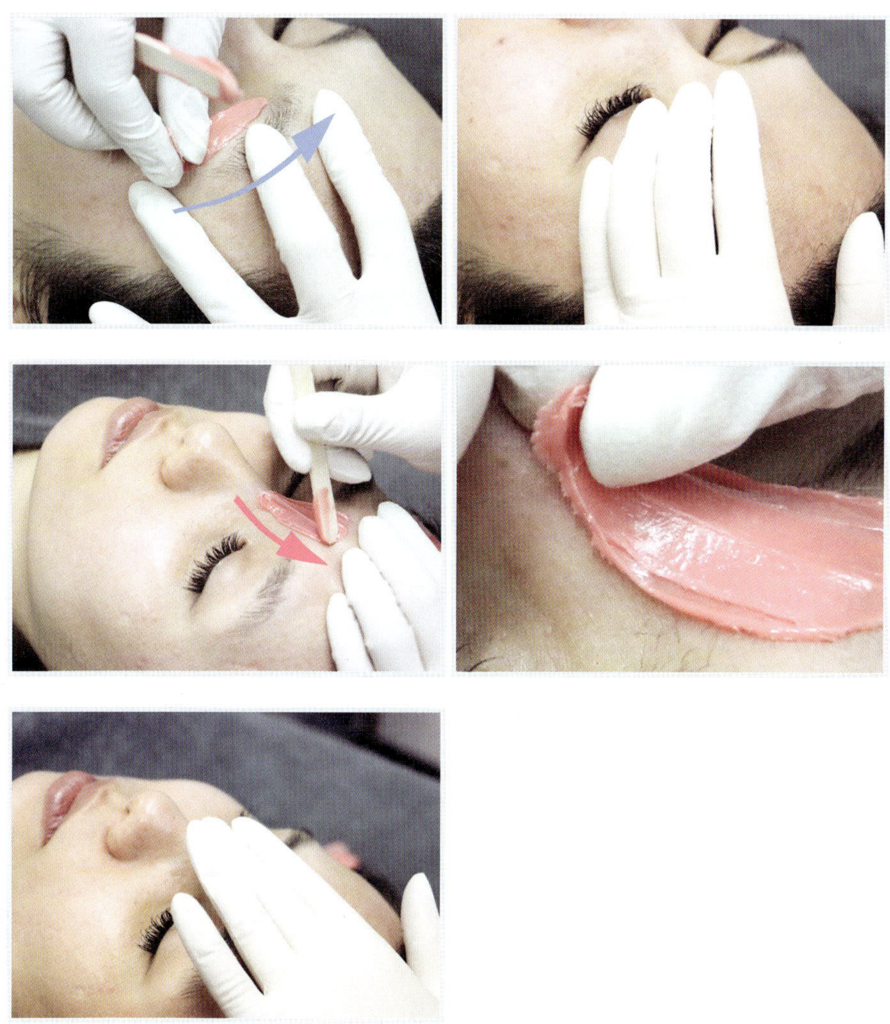

①~⑪ 위의 일러스트그림을 보면서 사진의 모습을 참고하여 부위별 도포방향과 제거 방향을 확인하면서 진행한다. 이때 가장 중요한 것은 왁스를 제거한 후 반드시 진정을 해주는 것이다.

① 인중은 아주 얇은 솜털이므로 솜털 전용 그린왁스로 왁싱시술을 진행한다.

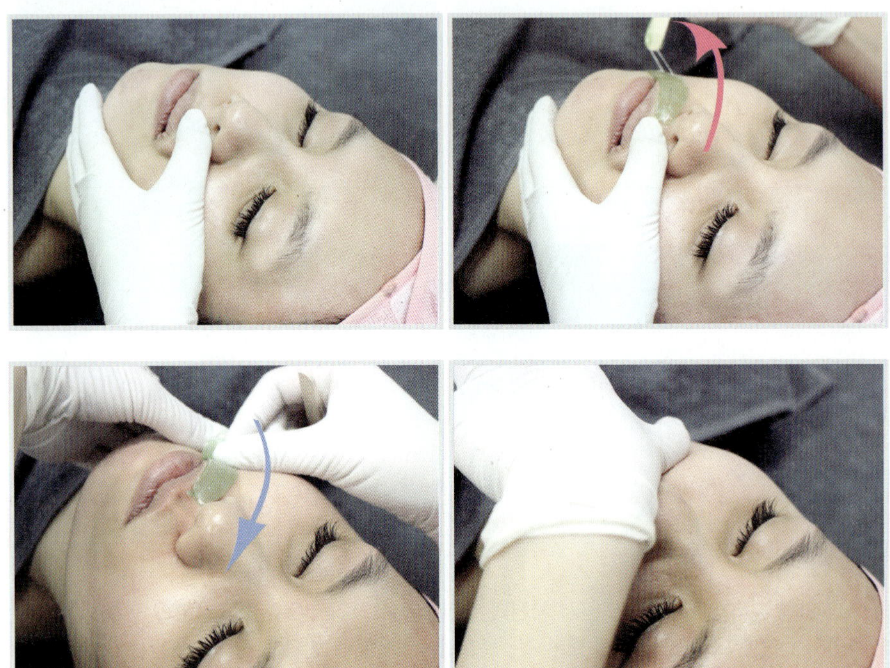

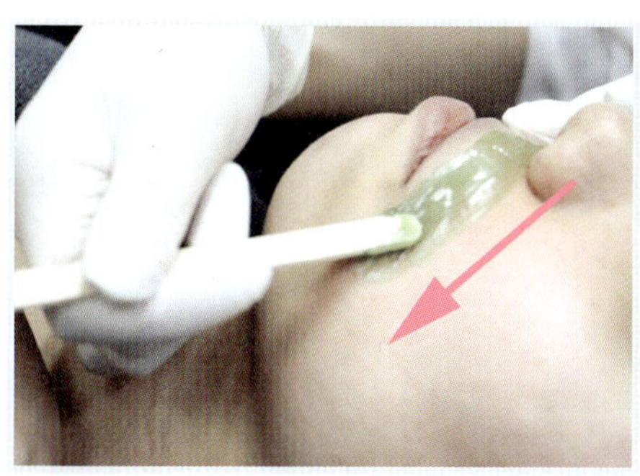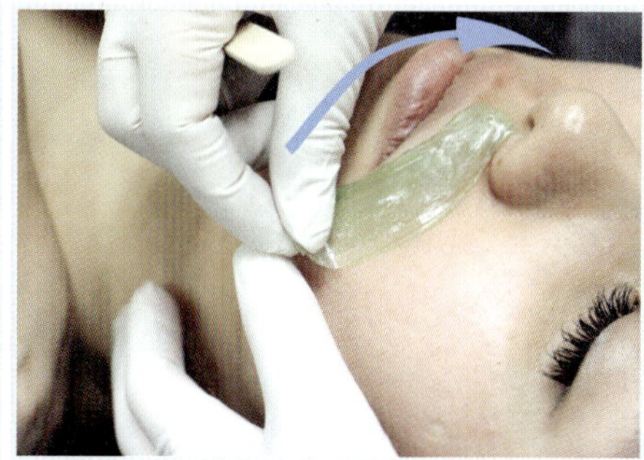

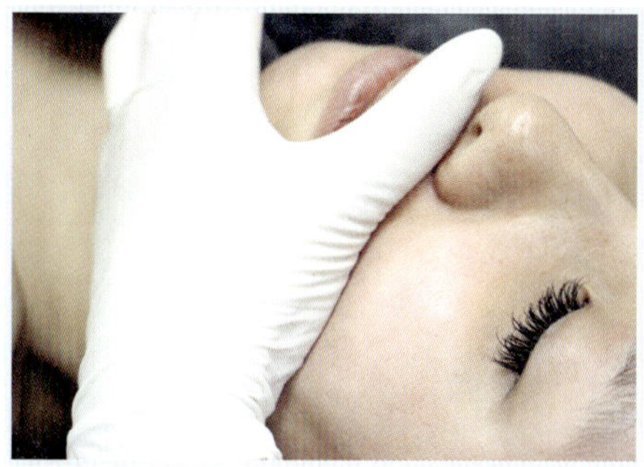

②~⑧ 인중은 입술 부위 예민한 부위이기 때문에 위에 그림과 같이 텐션을 정확하게 주면서 위의 일러스트그림을 보면서 사진의 모습을 참고하여 부위별 도포방향과 제거 방향을 확인하면서 진행한다. 이때 가장 중요한 것은 왁스를 제거한 후 반드시 진정을 해주는 것이다.

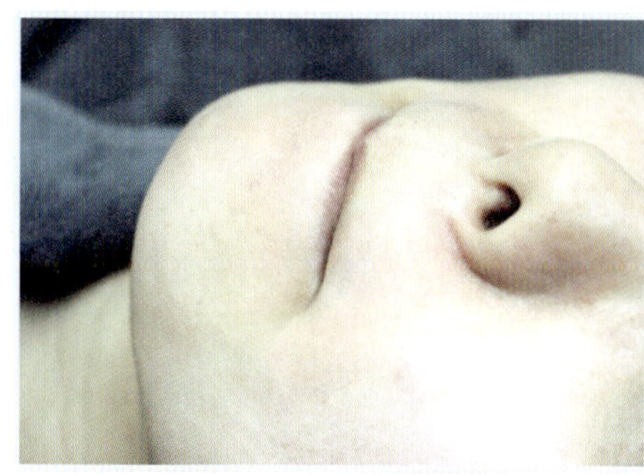

⑨ 가운데 인중은 시술 받는 자가 위에 그림과 같이 텐션을 주면 좀 더 수월하게 왁싱 시술을 진행 할 수 있다.

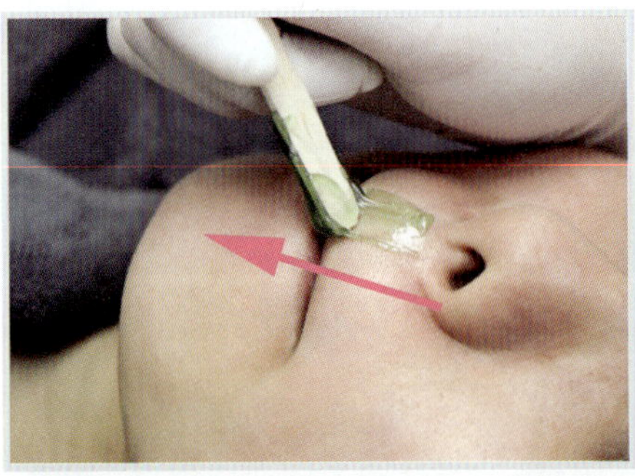 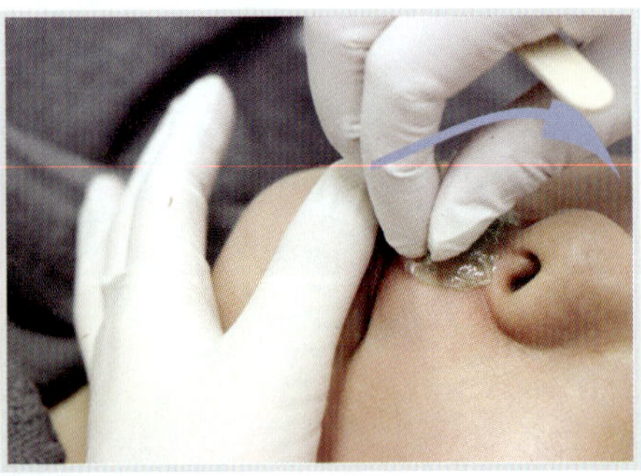

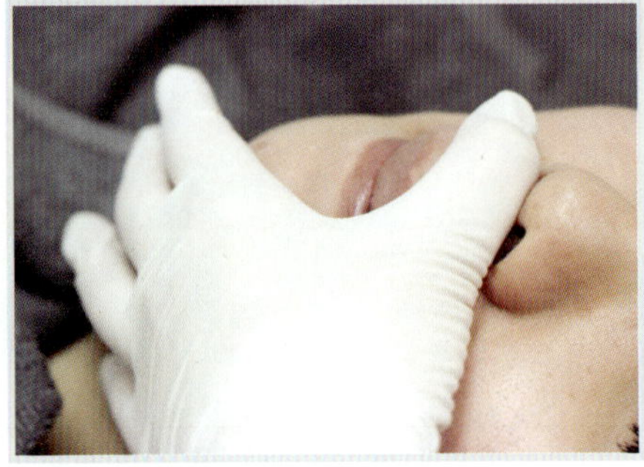

⑩~⑫ 위의 일러스트그림을 보면서 사진의 모습을 참고하여 부위별 도포방향과 제거 방향을 확인하면서 진행한다. 이때 가장 중요한 것은 왁스를 제거한 후 반드시 진정을 해주는 것이다.

1. 이마

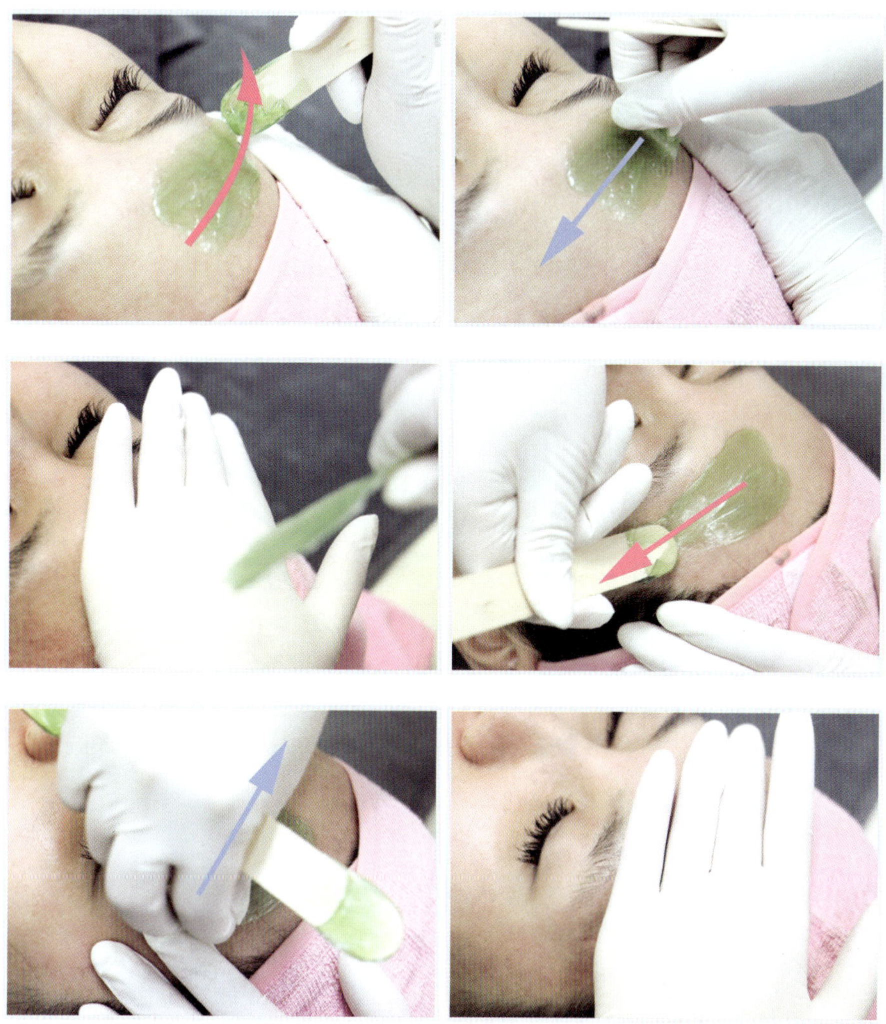

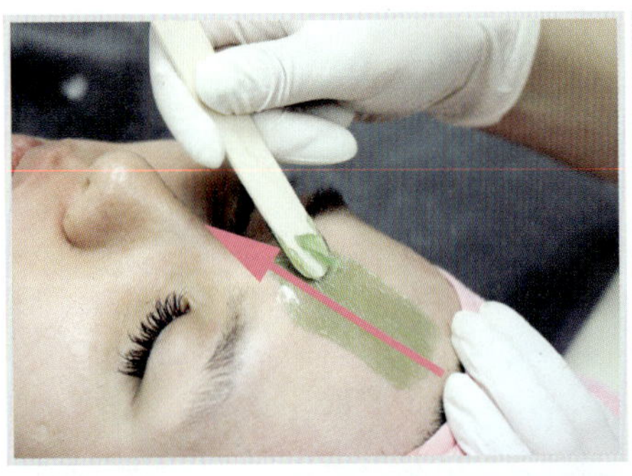 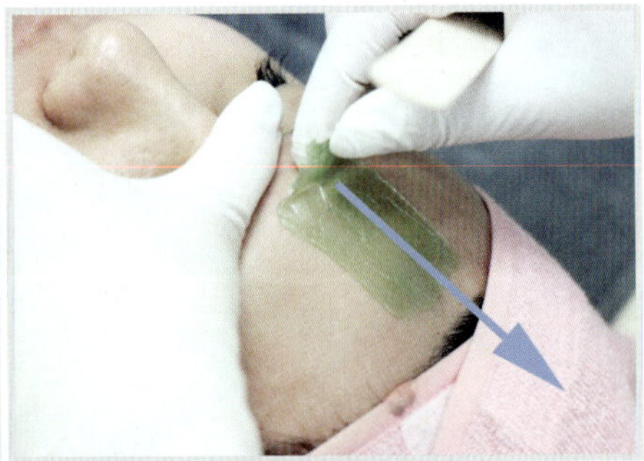

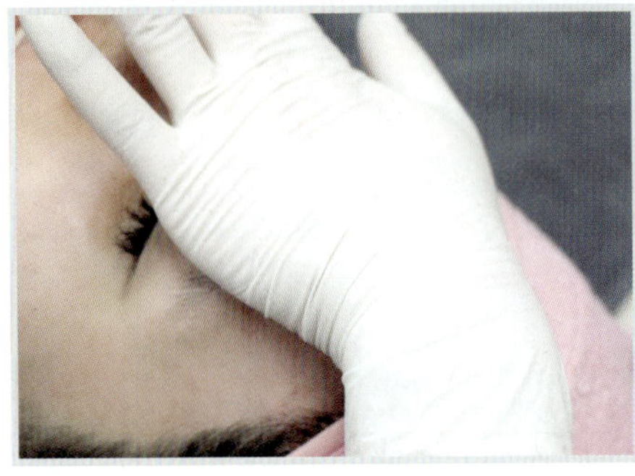

① 헤어라인과 눈썹 외 전체 풀 페이스 왁싱은 얇은 솜털로 되어있으므로 그린왁스로 왁싱관리를 진행한다.

② 헤어라인과 눈썹 왁싱 시술 후 남은 이마는 그린왁스로 왁싱 시술을 진행한다.

③ 위의 일러스트그림을 보면서 사진의 모습을 참고하여 부위별 도포방향과 제거 방향을 확인하면서 진행한다. 이때 가장 중요한 것은 왁스를 제거한 후 반드시 진정을 해주는 것이다.

2. 코

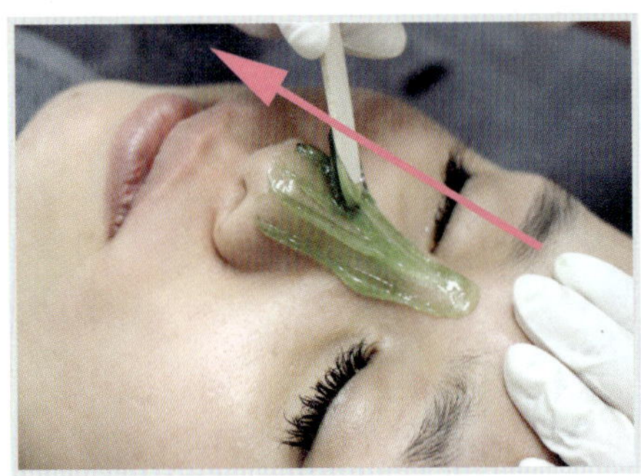 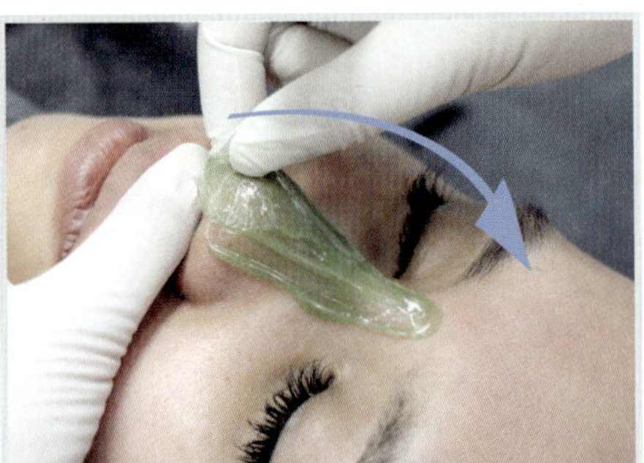

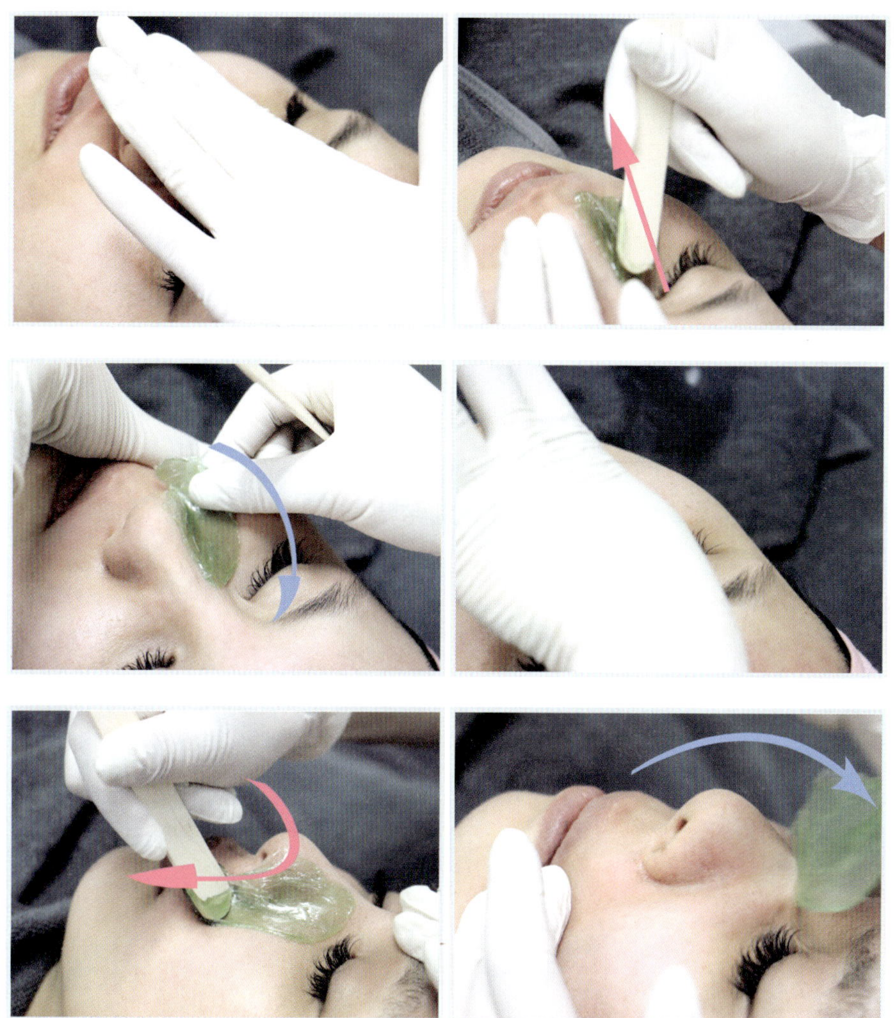

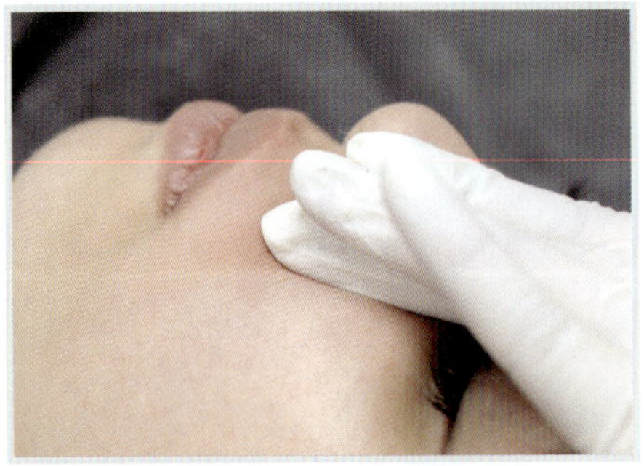

① 헤어라인과 눈썹 외 전체 풀 페이스 왁싱은 얇은 솜털로 되어있으므로 그린왁스로 왁싱 시술을 진행한다.

② 코 왁싱은 솜털을 제거하는 효과도 있지만 블랙헤드와 피지관리에도 많은 도움을 준다.

③ 위의 일러스트그림을 보면서 사진의 모습을 참고하여 부위별 도포방향과 제거 방향을 확인하면서 진행한다. 왁스를 제거한 후에는 반드시 진정을 해줘야 한다.

3. 구렛나루

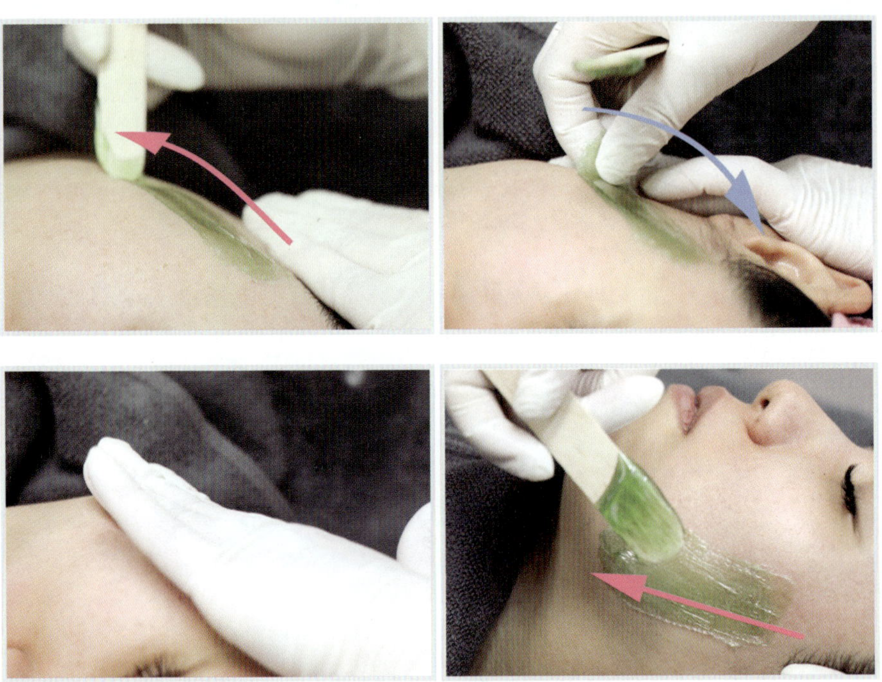

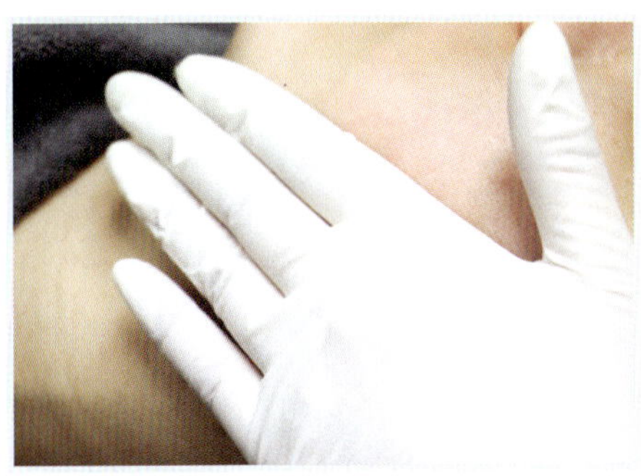

① 헤어라인과 눈썹 외 전체 풀 페이스 왁싱은 얇은 솜털로 되어있으므로 그린왁스로 왁싱 시술을 진행한다.

② 위의 일러스트그림을 보면서 사진의 모습을 참고하여 부위별 도포방향과 제거 방향을 확인하면서 진행한다. 왁스를 제거한 후에는 반드시 진정을 해줘야 한다.

4. 양볼 / 눈밑

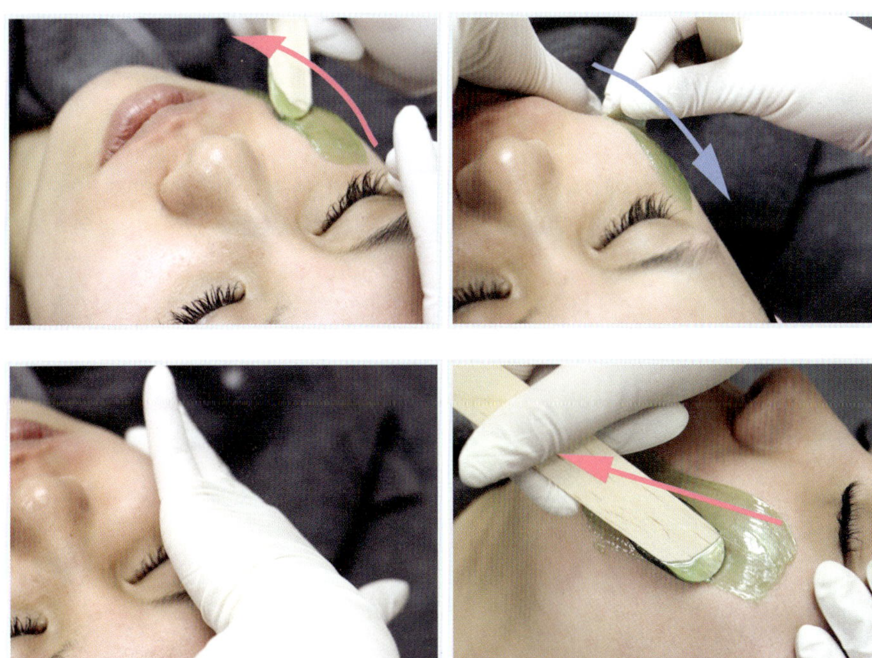

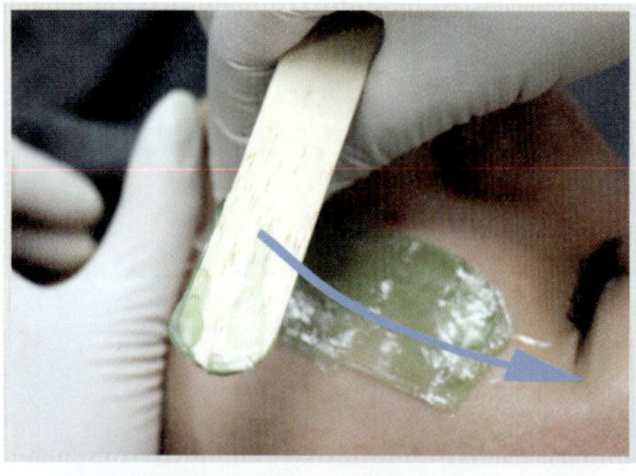 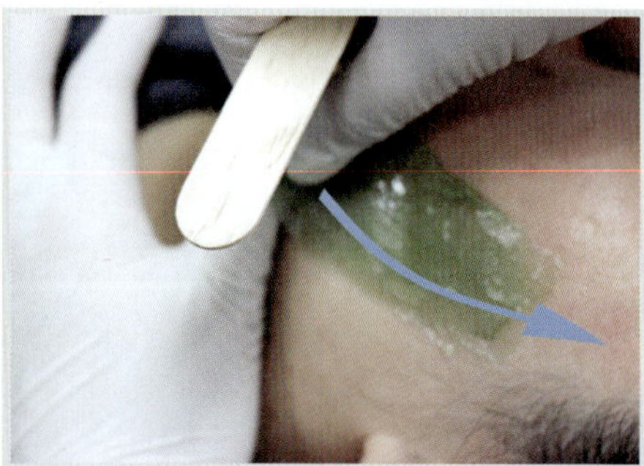

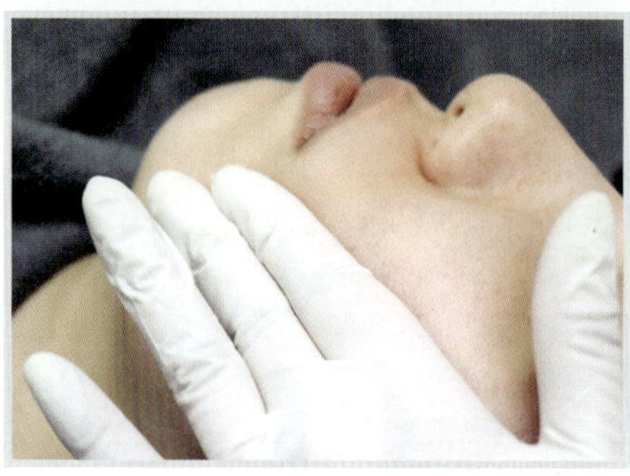

① 헤어라인과 눈썹 외 전체 풀페이스 왁싱은 얇은 솜털로 되어있으므로 그린왁스로 왁싱 시술을 진행한다.

② 눈 밑 볼 왁싱은 가장 주의해야하는 부분이다. 대부분 눈 밑을 가로로 도포하여 제거함으로서 눈밑의 탄력저하를 야기하거나 멍이 드는 경우가 많다. 그보다는 훨씬 안정적으로 위의 사진과 같이 진행하는 방법이 좋다.

③ 위의 일러스트그림을 보면서 사진의 모습을 참고하여 부위별 도포방향과 제거 방향을 확인하면서 진행한다. 이때 가장 중요한 것은 왁스를 제거한 후 반드시 진정을 해줘야 한다.

5. 턱

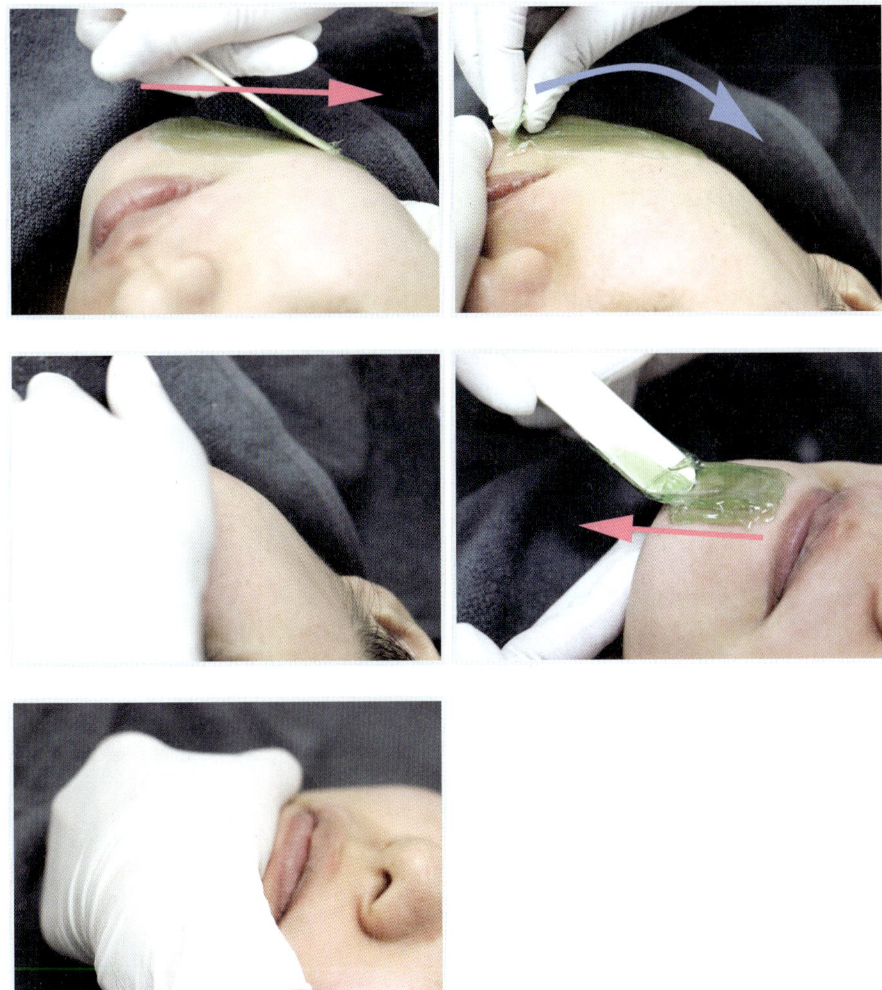

① 헤어라인과 눈썹 외 전체 풀페이스 왁싱은 얇은 솜털로 되어있으므로 그린왁스로 왁싱 시술을 진행한다.

② 위의 일러스트그림을 보면서 사진의 모습을 참고하여 부위별 도포방향과 제거 방향을 확인하면서 진행한다. 이때 가장 중요한 것은 왁스를 제거한 후 반드시 진정을 해줘야 한다.

6. Face Waxing 후 Skin Care 관리

풀페이스 왁싱은 얼굴에 있는 전체적인 솜털을 제거하는 방법으로 시각적으로는 물광표현과 메이크업의 효과를 더 극대화 시켜주는 도움을 받는다.

그러나 풀페이스 관리 후 스킨케어를 받지 못하면 모(毛)를 제거한 후 열려 있는 모공 속으로 이물질과 세정으로 인한 계면활성제 성분들이 침투하여 트러블의 원인이 될 수 있다.

반면, 풀페이스 왁싱 관리 후 열려있는 모공으로 인해 시술 받은 고객의 피부 타입에 맞는 좋은 성분의 앰플투입과, 각질관리로 인한 미세필링효과가 있으므로 진정 및 재생관리를 해준다면 좀 더 효율적인 풀페이스 왁싱관리와 더불어 피부관리 효과까지 볼 수 있다.

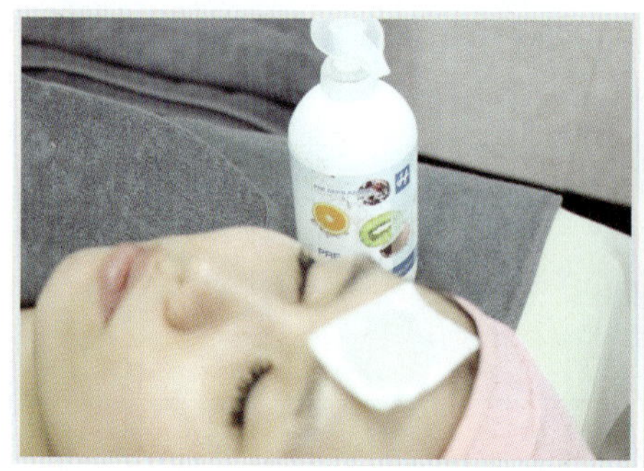

① 풀페이스 왁싱 시술이 끝난 후 토너정리의 개념으로 전 처리제를 얼굴전체에 닦아내듯이 도포한다.

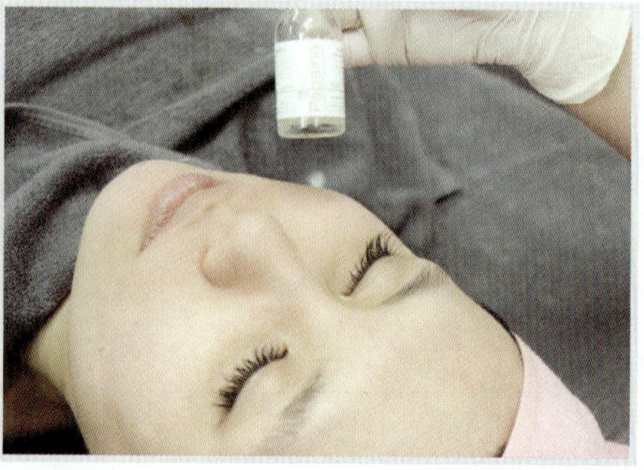

② 성장지연제 앰플은 왁싱 후 열려 있는 모공에 침투하므로 모(毛)의 성장을 지연해주며 모공속 염증완화 및 항염 작용을 한다.

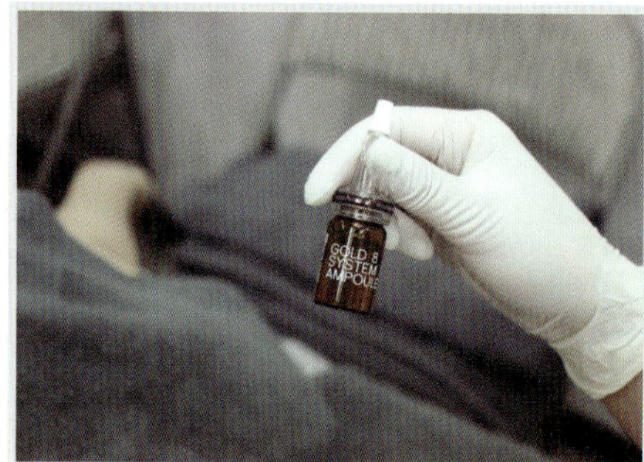

③ 식물성 줄기세포 골드 앰플은 모공 속 깊이 침투하므로 재생 및 보습 관리에 도움을 준다.

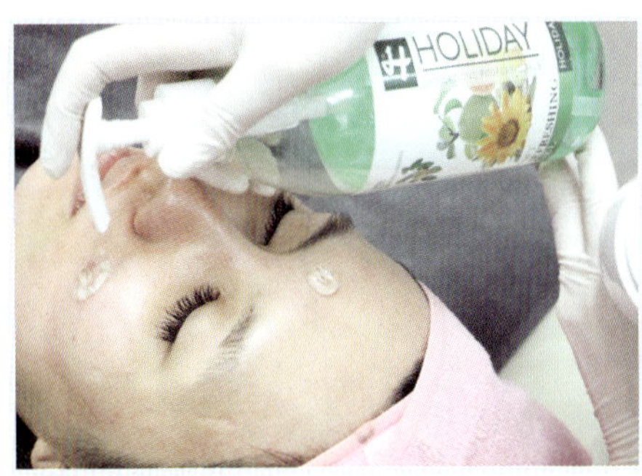 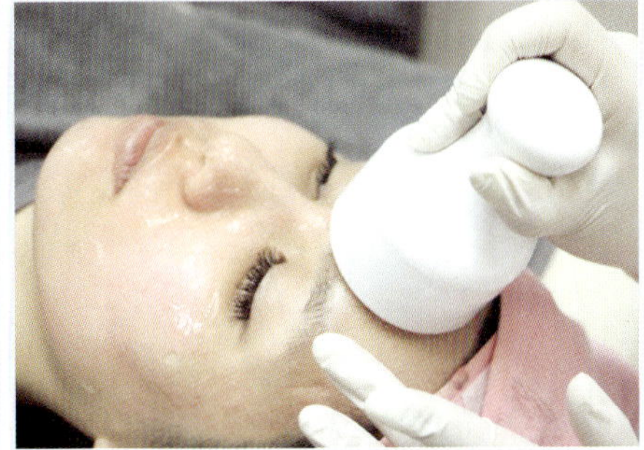

④~⑤ 페이스 전용 진정 젤을 얼굴 전체 도포 후 아이스 쿨러로 부드럽게 문지른다. 왁싱 시술로 인한 피부의 홍조를 완화시키며 진정 및 보습에도 도움이 된다.

TIP 중간 모델링(고무팩)으로 철저한 진정관리를 할 수 있으며 더불어 앰플의 유효성분들의 피부 흡수효과를 높힐 수 있다.

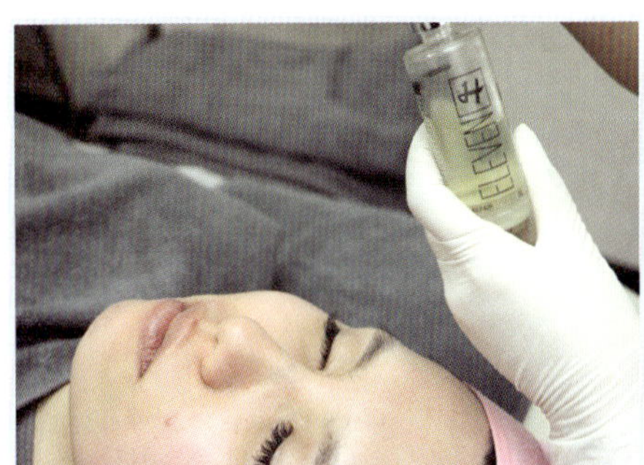 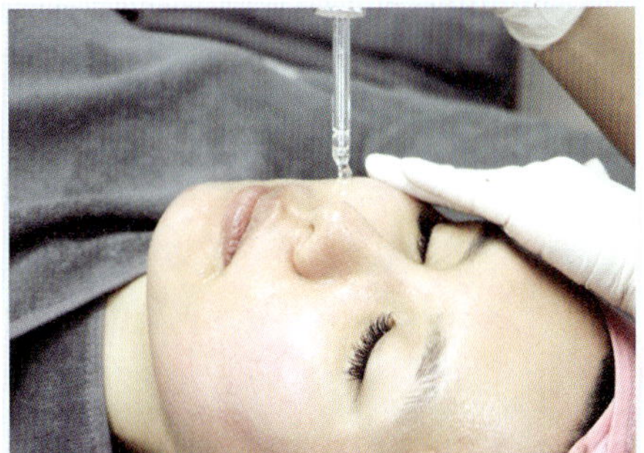

⑥~⑦ 천연 에센셜 일레븐 오일을 도포함으로서 피부 진정 및 보습 물광 표현에 도움을 준다.

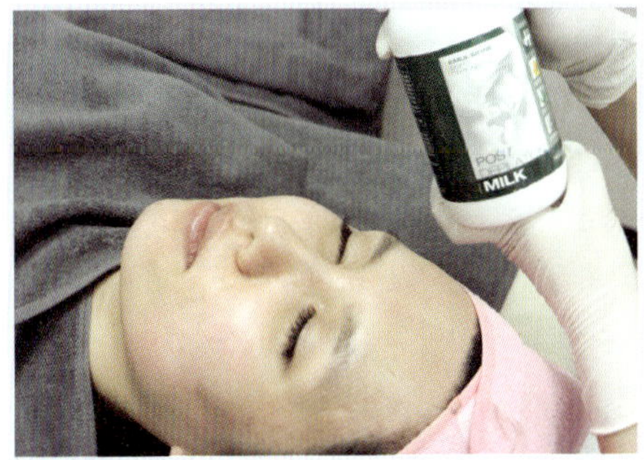

⑧ 마지막으로 포스트 밀크 로션을 바르고 마무리 해준다.

TIP 마지막으로 외출 시 자외선 차단제와 재생크림을 사용해 주는 것이 좋다.

퓨빅(Pubic) 왁싱

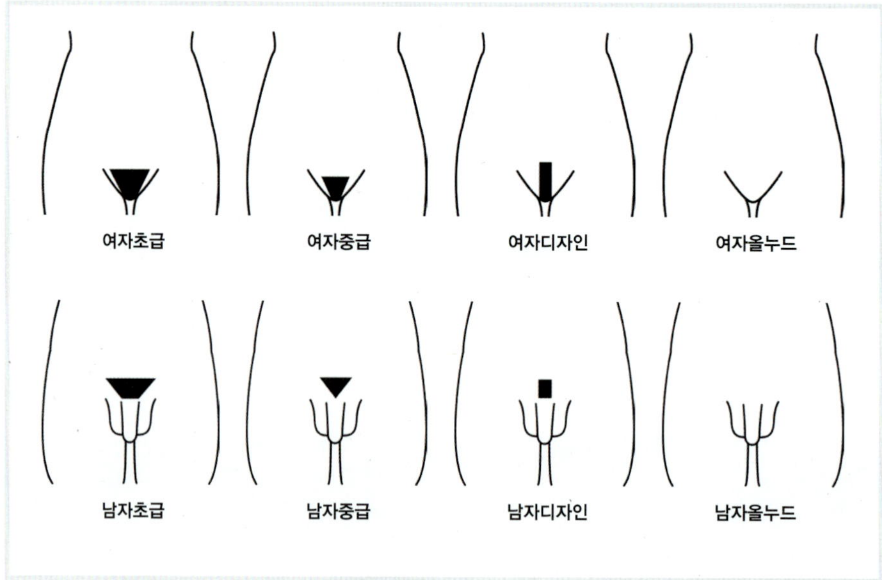

퓨빅 왁싱의 종류

크게 초급, 중급, 디자인, 올누드 4가지 타입으로 나뉜다.

▶ 초급 : '비키니'라고도 하며, 속옷을 안쪽으로 1cm정도 제거함으로써 정면으로 봤을 때 보이는 부위만 관리 해 주는 방법이다.

▶ 중급 : '비키니'보다 조금 더 안쪽으로 모(毛)를 제거하는 방법으로 축소 비키니라고도 하며, 이 역시 항문 쪽은 관리하지 않는 정면 부위만 관리하는 방법이다.

▶ 디자인(BRAZILIAN) : 흔히 '브라질리언'이라 알려져 있는 디자인 왁싱은 직사각형 모양의 디자인 왁싱을 브라질 사람들이 최초로 했다고 하여 브라질리언 왁싱 이라고도 한다. 디자인 왁싱은 정면부 포함하여 항문까지의 모든 모(毛)를 제거하는 관리이다.

디자인은 종류가 여러 가지가 있으며, 또 체형에 따라 디자인 왁싱을 해 줄 수 있다.

① 트라이앵글 : 삼각형 모양으로 중급 디자인 중 가장 무난한 디자인이기도 하며, 모든 체형에 잘 어울리는 디자인이기도 하다.

② 활주로 : 두꺼운 직사각형 디자인을 하고 있으며, 체형이 마르고 상체에 비해 하체가 짧아 보이는 체형에 적합한 디자인이다.

③ 하이웨이 : 얇은 직사각형 디자인을 하고 있으며, 체형이 통통하고 상체에 비해 하체가 짧아 보이는 체형에 적합한 디자인이다(브라질리언 디자인이라고도 한다).

④ 스몰스퀘어 : 작은 정사각형의 디자인을 하고 있으며, 전체적으로 깡마른 체형에 적합한 디자인이다.

▶ 고급 : 올 누드 (all nude) 라고 하며, 위의 일러스트 그림과 같이 음모의 모든 부분 외 항문 부위 모든(毛)까지 완벽히 제거 하는 방법이다.

퓨빅 왁싱(Pubic Waxing) 관리 방법의 단계

1. 왁싱 시술이 적당한 길이로 전체적으로 모를 컷팅 해준다(도포하는 과정중에 다른 모들이 끌려와 당기는 통증을 방지하기 위해 제일 처음 pubic 왁싱을 하기위한 준비단계이다).

2. 왁싱 시술 전 전처리를 도포하여 피부의 유분감 및 소독을 해준다.

3. Pubic 왁싱은 가장 민감한 부위를 자극하여 모를 제거하는 방법이니 만큼, 최대한 조금씩 여러 번 나누어 시술을 하는 것이 가장 효과적이다.

4. 항상 모가 난 방향으로 정확하게 밀착을 주고 도포하여 반대방향으로 텐션을 정확히 준 후 빠르게 제거한 후 진정시켜 준다.

5. Pubic왁싱 관리가 끝나면 왁싱으로 인해 열려있는 모공 속으로 흡수가 용이하여, 단백질을 분해하며 성장억제에 도움을 주는 성장지연제를 도포해준다.

6. 왁싱으로 인해 자극 받은 피부에 진정과 보습 항염 효과를 위해 일레븐 오일을 도포한다.

7. 풀페이스 관리 후 스킨케어 관리와 동일한 방법으로 Pubic skin care 관리를 해주면 좀 더 효과적이다.

8. 다시 한 번 피부보습과 진정효과, 인그로운 헤어를 예방하기위해 피부유연화에 도움을 주는 왁싱 전용 밀크로션을 도포하여 마무리 해준다.

 # 뷰티왁싱 관리 후 주의사항 및 관리 방법

Face

1. 왁싱 당일

▶ 시술 직후에는 모공이 열려 있어서 2차 감염에 주의해야 한다.

▶ 24시간 내 사우나, 수영, 운동은 피해야 하며, 세안과 메이크업은 시술 1~2시간 후 가능하다.

▶ 시술 직후부터 2~3일간 색소침착이 되지 않도록 자외선 차단제를 사용해 주어야 한다.

2. 왁싱 2~7일 후

▶ 시술 부위는 왁싱으로 인해 일시적으로 과각화 될 수 있으므로 각질관리가 매우 중요하다.

▶ 주1~2회 파파인 앰플을 이용하여 각질을 정돈해 주어야 하며, 건조해진 피부의 보습을 유지해 주어야 한다.

▶ 스크럽 관리가 잘 안되면 각질 안에 모가 갇혀 인그로운 헤어가 생기고 염증을 유발할 수 있다.

▶ 외출 시 자외선 차단제는 필수이다.

Body

1. 왁싱 당일

▶ 시술 직후에는 모공이 열려 있어서 2차 감염에 주의해야 한다.

▶ 24시간 내 사우나, 수영, 땀을 흘리는 격한 운동은 피해야 한다.

▶ 시술 부위를 자극하지 않도록 클렌저 제품 사용 대신 가볍게 흐르는 물로 샤워를 한다.

▶ 다리 왁싱 후 꽉 끼는 옷은 피한다.

▶ 시술 직후부터 2~3일간 색소침착이 되지 않도록 자외선 차단에 유의한다.

2. 왁싱 2~7일 후

시술부위의 발적 현상이 가라앉으면 제품 사용이 가능하다.

▶ 깨끗하게 세안 후 왁싱전용 바디로션으로 보습을 해준다.

▶ 시술 부위는 왁싱으로 인해 일시적으로 과각화 되므로 각질관리가 중요하다.

▶ 주 1~2회 솔트 스크럽으로 각질제거를 해주시고, 건조해진 피부의 보습을 유지해 준다.

▶ 스크럽 관리가 잘 안되면 각질 안에 모가 갇혀 인그로운 헤어가 생기고 염증을 유발한다.

Pubic

1. 왁싱 당일

▶ 시술 직후에는 모공이 열려 있어서 2차 감염에 주의해야 한다.

▶ 24시간 내 사우나, 수영, 격한 운동, 좌욕, 성관계, 손으로 만지는 등의 접촉은 피한다.

▶ 시술 부위를 자극하지 않도록 세정 제품 사용 대신 가볍게 흐르는 물로 샤워를 한다.

▶ 왁싱 후 타이트한 속옷이나 꽉 끼는 옷 대신 통풍이 잘 되는 면소재의 옷을 입는다.

2. 왁싱 2~7일 후

▶ 시술부위의 발적 현상이 가라앉으면 제품 사용이 가능하다.

▶ 시술 부위는 왁싱으로 모와 피부각질이 탈락되어 각질층이 형성되므로 각질관리가 중요하다.

▶ 주 1~2회 스크럽으로 각질제거를 해준다, 스크럽 관리를 하지 않으면 모공을 막아 인그로운 헤어가 생겨 염증을 유발할 수 있다.

▶ 파파인 앰플을 이용하여 체모 성장을 지연시킨 후 왁싱전용 바디로션으로 건조해진 피부의 보습을 유지한다.

Retouch

▶ 모의 길이가 약 0.5cm 성장하였을 때 리터치가 적절한 시기라고 볼 수 있다.

▶ 체모성장 속도는 개인차가 있지만 보통 기간은 4~6주 사이 라고 볼 수 있다.

▶ 셀프 왁싱(면도/족집게/제모크림 등)은 피부감염이 우려될 뿐 아니라 리터치 시술이 어려울 수 있다.

새로 성장하는 모가 방향이 틀어지거나 모공 주위에 각질층이 많이 쌓여 모공을 막아 모가 비스듬히 자라거나 피부표면으로 올라오지 못해 피부속으로 자라나는 현상 (모낭염 유발)

1. 예방법

▶ 왁싱 전용 스크럽 제품으로 주기적인 스크럽 각질 관리

▶ 왁싱 전용 로션으로 꾸준한 피부진정, 보습 관리

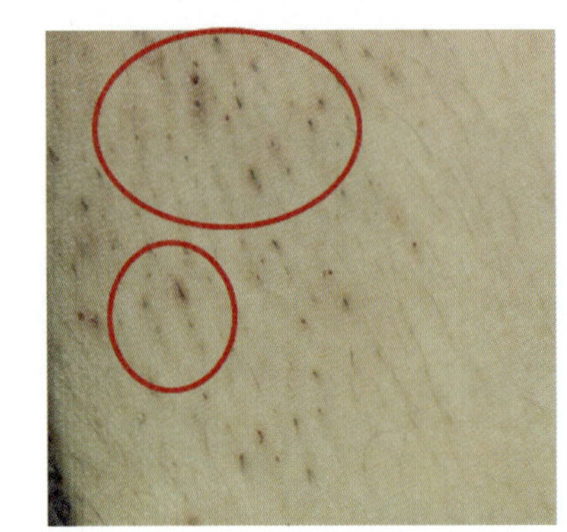
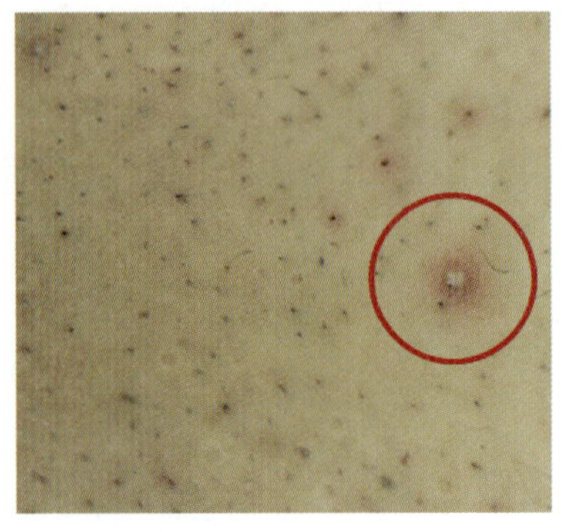

Lesson 11 전문 뷰티왁싱 교육 및 강사 인증 기관

1. 이태리 왁스 홀리데이 코리아 & 차이나(www.holidaywaxing.co.kr)

1800-5783

2. 한국 종합 왁싱 협회(Korea Total Waxing Association)

070-4234-6747

※ 왁싱 전문 인증기관 교육을 받고 디플로마를 부여받으면, 창업과 취업에 많은 도움이 되며, 왁싱 전문 강사교육 인증 디플로마 및 자격증을 부여 받으면 공공기관 교육프로그램, 뷰티 아카데미, 대학교, 전문학교 관련 교육기관에서 강사로 활동이 가능하며, 각종 왁싱대회 심사위원 및 왁싱 전문가로서 인정을 받을 수 있다.

현재, 전문 인증기관 교육을 이수한 강사님들은 여러 아카데미와 학교에서 많은 활약을 하고 있는 것을 확인할 수 있다.

전문학교 또는 학원 졸업생들에게 미용계 진출을 앞두고 국제적으로 신뢰 있는 기술인증서를 발급해줌으로써 미용사, 강사, 개업 등 본인의 기술적 입지를 높이는 효과를 줄 수 있는 증서 발급 권한을 교육기관에서 부여하여 인력을 고급화, 전문기능화 할 수 있습니다.

– 국제표준화 인증교육을 받으면 국책사업, 공공기관 교육프로그램, 대학교, 전문학교, 관련학원 교육 강사로 활동 시 높은 신뢰를 받을 수 있음(국책교육사업 속눈썹 강사로 위촉시 ISO9001인증 디플로마가 가장 확실한 프로필).

– 해외강사 활동 시 ISO9001인증 디플로마가 필요함

– 취업 시 ISO9001인증 디플로마는 높은 신뢰성을 받음

누구나 쉽게 하는 특수미용
반영구화장·속눈썹연장·왁싱

발 행 일 2018년 1월 10일 개정판 1쇄 발행
2020년 6월 10일 개정판 3쇄 발행

저   자 김정희·안나경·백소은 공저

발 행 처  크라운출판사
http://www.crownbook.com 

발 행 인 이상원

신고번호 제 300-2007-143호

주   소 서울시 종로구 율곡로13길 21

대표전화 02) 745-0311~3

팩   스 02) 766-2688

홈페이지 www.crownbook.com

I S B N 978-89-406-2716-7 / 13590

특별판매정가 25,000원

이 도서의 문의를 편집부(02-6430-7012)로 연락주시면
친절하게 응답해 드립니다.